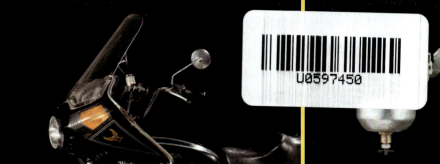

视觉之旅

改变世界的机器（彩色典藏版）

［美］西奥多·格雷（Theodore Gray）著

［美］尼克·曼（Nick Mann）摄

徐大军 程翰璋 译

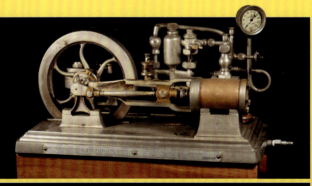

人民邮电出版社

北 京

图书在版编目（CIP）数据

视觉之旅：改变世界的机器：彩色典藏版 / (美)
西奥多·格雷 (Theodore Gray) 著；(美) 尼克·曼
(Nick Mann) 摄；徐大军，程翰璋译. -- 北京 ：人民
邮电出版社, 2025. -- ISBN 978-7-115-66479-2

I. TB4-49

中国国家版本馆 CIP 数据核字第 2025972L0J 号

- ◆ 著　　　[美]西奥多·格雷（Theodore Gray）
-   摄　　　[美]尼克·曼（Nick Mann）
-   译　　　徐大军　程翰璋
-   责任编辑　刘　朋
-   责任印制　陈　犇
- ◆ 人民邮电出版社出版发行　　北京市丰台区成寿寺路 11 号
-   邮编　100164　电子邮件　315@ptpress.com.cn
-   网址　https://www.ptpress.com.cn
-   雅迪云印（天津）科技有限公司印刷
- ◆ 开本：889×1194　1/20
-   印张：11.6　　　　　　　　2025 年 8 月第 1 版
-   字数：451 千字　　　　　　2025 年 8 月天津第 1 次印刷
-   著作权合同登记号　图字：01-2022-5858 号

定价：98.00 元

读者服务热线：(010)81055410　印装质量热线：(010)81055316
反盗版热线：(010)81055315

毫无疑问，机器的发明改变了人类的历史，极大地促进了文明的发展。今天，各种各样的机器已经遍布世界的各个角落。在享受机器给我们的生活带来的便利的同时，你是否好奇这些机器是怎么发明出来的，它们是如何运转的，其中又有着什么传奇故事？

在本书中，著名畅销书作家西奥多·格雷将带领我们探索一类最为重要的机器——发动机，其中既包括引发工业革命的蒸汽机，又有带领人类跨入电气时代的电动机，更少不了动力强劲的内燃机。为了揭示这些发动机的运转奥秘，格雷从世界各地收集了大量造型各异的玩具模型，亲自动手制作了许多透明的演示模型，拆解了应用在不同场合的典型机器，还参观了不少被他称为怪兽的大型发动机。书中那些难得一见的精美图片和格雷引人入胜的叙事风格将复杂的工作原理的介绍变成了充满惊喜和趣味的探索之旅。

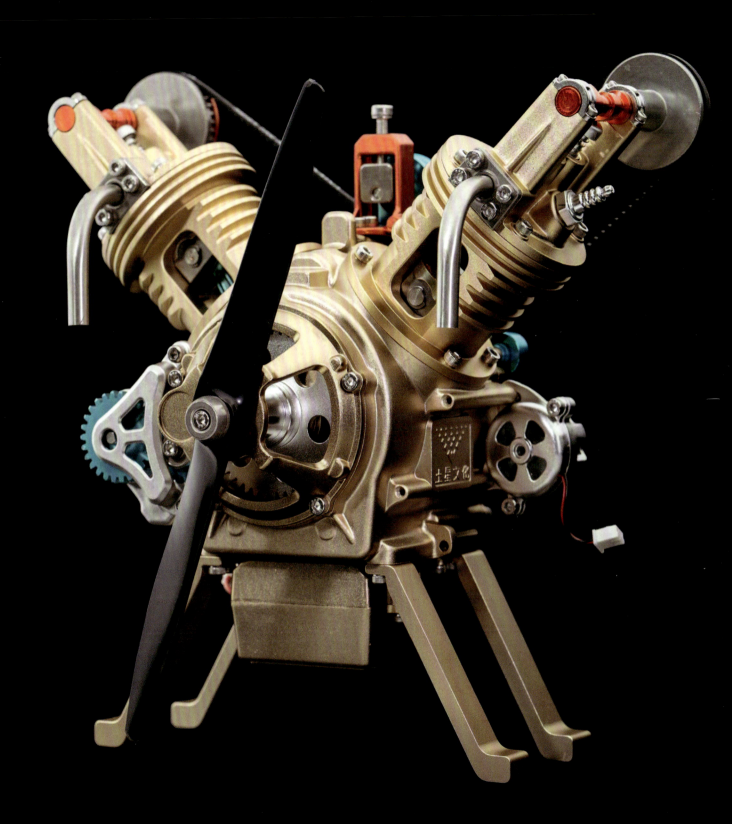

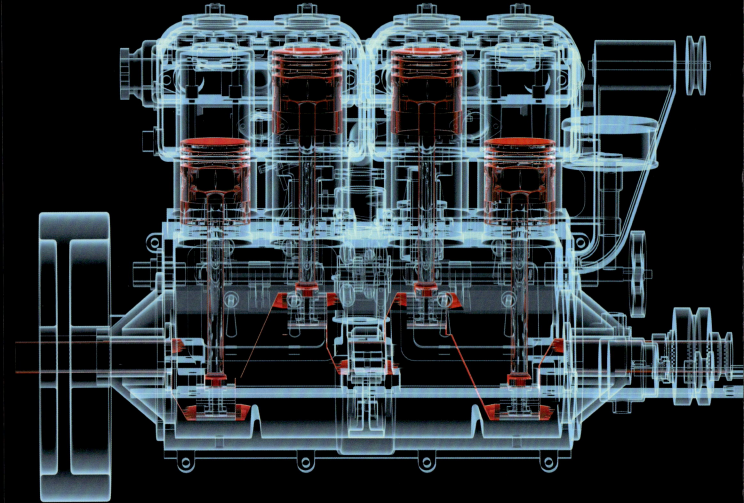

9  前言

13  蒸汽机

61  内燃机

118  电动机

202  超越电动机

232 致谢

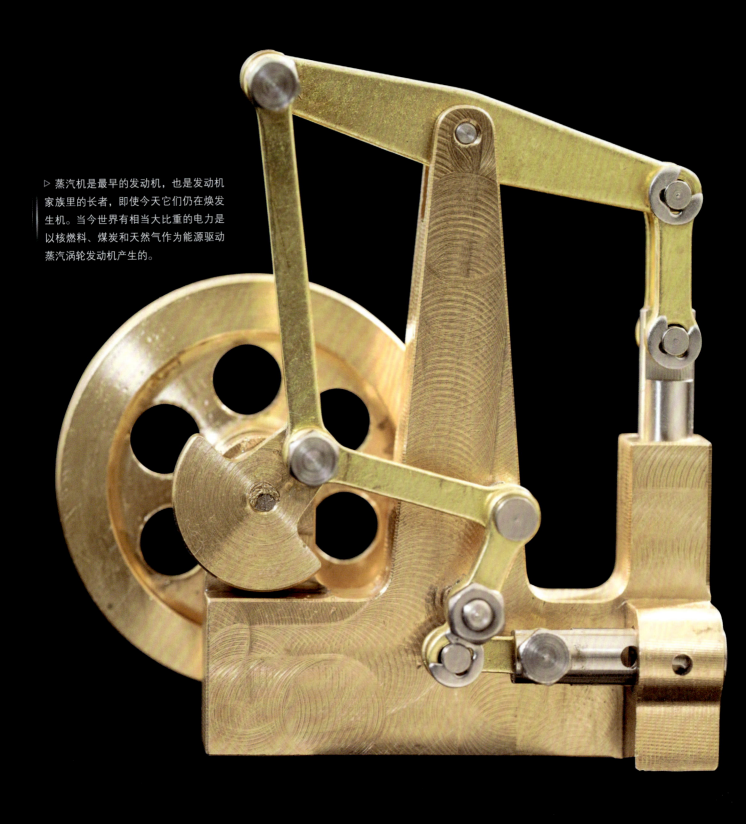

▷ 蒸汽机是最早的发动机，也是发动机
家族里的长者，即使今天它们仍在焕发
生机。当今世界有相当大比重的电力是
以核燃料、煤炭和天然气作为能源驱动
蒸汽涡轮发动机产生的。

前 言

发动机是如何工作的？它们为什么值得我们去探究

发动机也称作引擎，使我们摆脱了人力和畜力劳动的限制。从和别墅一样大的柴油机，到小得能被外科医生放置在患者体内的压电式发动机，发动机让我们拥有了远超人类极限的能力。生活中有数百种常见的发动机在不知疲倦地运转着，它们的速度和精度都是人类无法比拟的，即使一台普通的发动机的动力通常也比人力强大。然而，人们好像渐渐对发动机司空见惯了，觉得它们的存在是理所当然的，有人甚至觉得它们与一次性电池一样，用完一次就可以扔掉了！

无论哪种类型的发动机都是将可用资源（如电、阳光、风、汽油、天然气、地热等）的能量转化为强有力的机械运动的，通常通过内部零部件的旋转来输出动力。

在本书中，我们将探索那些或大或小、或简单或复杂、或喧闹或安静，但不管怎样都引人入胜的发动机。我们将深入发动机的内部，看看它们是如何工作的，并了解它们是如何改变世界的。

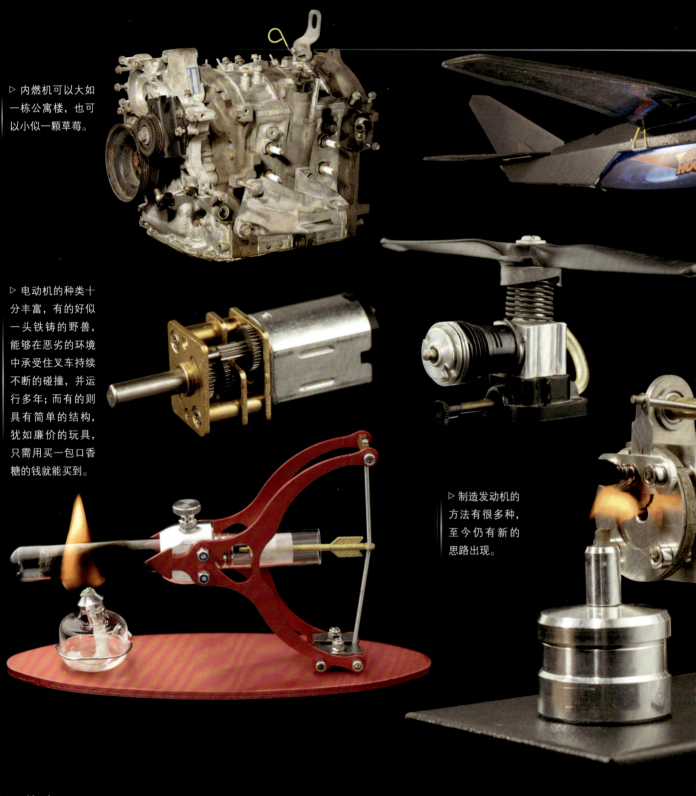

▷ 内燃机可以大如一栋公寓楼，也可以小似一颗草莓。

▷ 电动机的种类十分丰富，有的好似一头铁铸的野兽，能够在恶劣的环境中承受住叉车持续不断的碰撞，并运行多年；而有的则具有简单的结构，犹如廉价的玩具，只需用买一包口香糖的钱就能买到。

▷ 制造发动机的方法有很多种，至今仍有新的思路出现。

发动机和电动机 [1] 之间的区别在哪里

我们通常会用到"发动机"和"电动机"这两个词语，它们的意思并不完全相同，但在大多数情况下，这两个词语可以互换。我可以举一个例子来证明这种说法，如电动汽车由发动机驱动。

[1]"引擎"是"engine"的音译，"发动机"是其意译；"马达"是"motor"的音译，通常指电动机。另有"气动马达""液压马达"等术语，分别指其他相应的动力装置。——译注

▷ 这个标志的下半部分表示禁止机动车辆驶入，意思是禁止所有由发动机驱动的车辆进入。

▷ 这个是叫电动机还是叫发动机呢？

▷ 人们通常把电动机称为发动机，但不会将使用汽油的发动机叫作电动机。然而，一些电动理发推子的制造商居然声称他们使用了法拉利发动机，以此来标榜自己的产品所采用的电动机具有较高的品质。

△ 这是法拉利公司设计的高扭矩无刷电动机，转速为7200转/分。

现在我们已经弄清楚发动机和电动机的大致区别了，接下来我们将开始了解蒸汽机，蒸汽机是发动机家族里最早出现也是最好用的发动机。

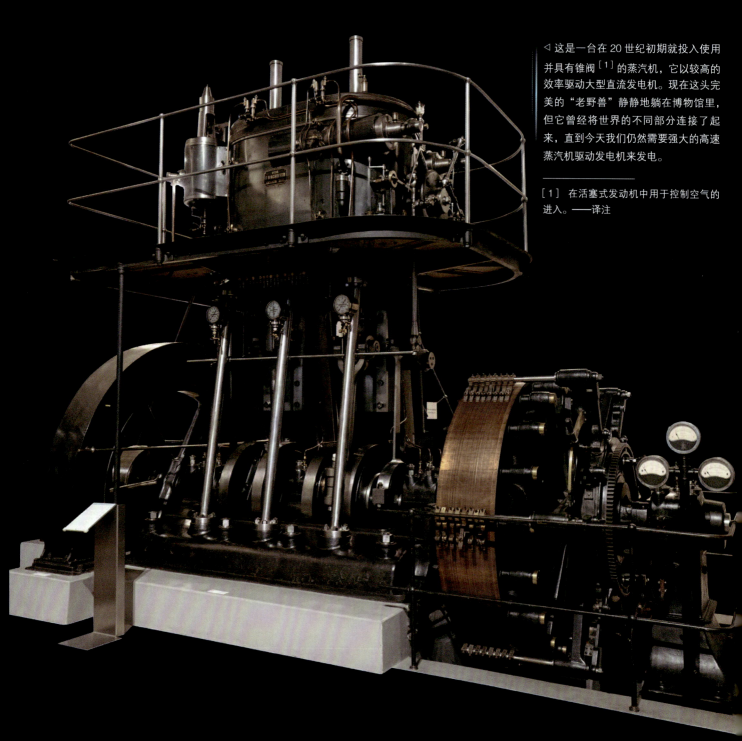

◁ 这是一台在20世纪初期就投入使用并具有锥阀[1]的蒸汽机，它以较高的效率驱动大型直流发电机。现在这头完美的"老野兽"静静地躺在博物馆里，但它曾经将世界的不同部分连接了起来，直到今天我们仍然需要强大的高速蒸汽机驱动发电机来发电。

[1] 在活塞式发动机中用于控制空气的进入。——译注

蒸汽机

蒸汽机是最棒的机器，现在是这样，将来也会是这样。它在本质上是机器最纯粹、最美丽、最优雅、最崇高的体现。

蒸汽机体形庞大，外表涂有机油，闻起来也别具一格。电动机太安静，汽油机又太吵闹，只有蒸汽机是那么完美。蒸汽机运行时呼呼作响，部件做前后往复运动或圆周运动，轰鸣声不绝于耳，好似在用阀门演奏悦耳的音乐。现在其他类型的发动机或许更实用，但没有什么比平稳运行的蒸汽机在腹内熊熊烈焰的推动下吞云吐雾的场面更加激动人心了。

我们要感谢博物馆和机械爱好者，是他们让这些蒸汽机保持最好的运行状态，甚至不时制造新的蒸汽机出来。如果没有这些蒸汽时代的粉丝，那些有着百年历史的美丽"野兽"或许已经消失了。遗憾的是，随着技术的发展，蒸汽机已经没有后面章节提到的新型发动机那么实用了。

好吧，浪漫够了！让我们来了解如此完美的蒸汽机是如何工作的。我们将从基础开始，因为理解了蒸汽动力的原理，就可以为了解更加多样化的内燃机（以汽油或柴油作为燃料）奠定基础。

蒸汽机的工作原理

发动机的用途是将能量转化为机械力或机械运动。对于蒸汽机来说，能量最终被转化成了轴的旋转运动。有了旋转的轴，我们就可以做许多事情，比如在钻床上驱动钻头旋转，或者驱动汽车的轮子转动。

和大多数发动机一样，蒸汽机最初得到的是一个沿直线方向作用的推动力。所以，蒸汽机要做的第一件事情就是用一个曲柄将沿直线方向作用的力转化为像我们熟悉的自行车踏板那样所做的圆周运动。

骑自行车时，你的双腿和双脚会交替给踏板一个力。踏板安装在曲柄臂上，而曲柄臂的另一端与一个大齿轮连接。这个由腿、曲柄臂和大齿轮等组成的系统将腿的上下运动转换成大齿轮的旋转运动。如果你的左脚已经蹬踏到底了，那么继续蹬踏无法让大齿轮转动。此时需要向下发力的换成了已经抬到顶部的右脚，同时左脚缓慢升起，形成双脚连续蹬踏的运动循环。所以，把握交替发力的时机是关键。我们之所以能顺利学会把握这个时机，是因为大脑能够协调双腿的运动。而要让用一堆金属做的机器做同样的事情，我们需要好好动动脑筋才行。

蒸汽机的运行始于锅炉内水的沸腾。当煮沸的水变成蒸汽时，它会膨胀并在锅炉内产生压力。加压后的蒸汽通过管道进入气缸，给位于气缸底部的活塞施加一个朝向（或远离）曲柄的力，曲柄带动飞轮转动，或驱动与曲轴相连的零件。

就和人骑自行车一样，运动转换的时机非常重要。蒸汽需要在正确的时机和正确的方向上推动活塞，否则蒸汽机是无法运转的。我们的肌肉向哪个方向运动是由大脑所决定的，而活塞向哪个方向移动取决于蒸汽对它的推动。蒸汽机通过一套阀门控制在什么时机和什么方向上施加蒸汽压力。

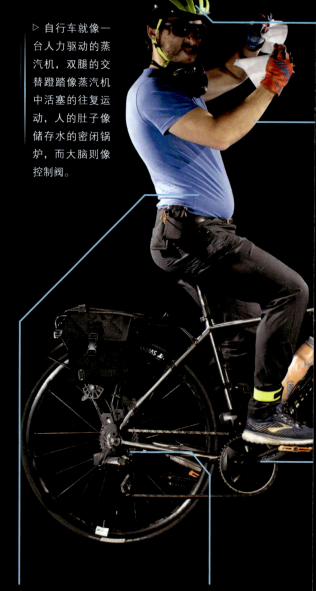

▷ 自行车就像一台人力驱动的蒸汽机，双腿的交替蹬踏像蒸汽机中活塞的往复运动，人的肚子像储存水的密闭锅炉，而大脑则像控制阀。

人的肚子就像蒸汽

飞轮的转动存在惯

大脑就好比控制阀，控制给踏板施加压力的时机。

尼克撕毁了税单以发泄愤怒的情绪，就好像释放出了一股蒸汽。

▽ 这个小模型在我小时候是一种便宜的玩具，现在它摇身一变，成了一件贵重得多的收藏品，我在 eBay 上花了不少钱才买下它。不管怎样，看它如何工作是一件非常有趣的事情。我给这台小蒸汽机里的锅炉装满水，点燃一些干燥的颗粒状燃料，几分钟后它就快乐地吐出蒸汽唱起歌来。

手动的速度控制阀可以控制流向活塞和阀门的蒸汽的量。

如果锅炉内部压力大到了危险的程度，安装有弹簧的减压阀就会打开。

这台发动机释放的蒸汽流经汽笛，汽笛发出的声音很像某人撕毁税单时的尖叫。

这个部件在蒸汽机运行时控制它的旋转，好似一个指挥官。在一台真实的蒸汽机中，这是一个调速器，它能够调节或控制蒸汽机的运行速度。

锅炉里的水受热变成蒸汽。

曲柄将直线运动转换为圆周运动。

这个阀门就像一个简单的大脑，控制给活塞施加压力的时机。

活塞的运动就像我们用脚蹬踏自行车踏板一样。

燃料在锅炉下方熊熊燃烧，将锅炉内的水加热至沸腾。

曲柄臂将直线运动转换为圆周运动。

飞轮利用惯性通过不着力的止点。

完美模型

蒸汽机模型已经流行了很长时间，现在我们也能买到许多种蒸汽机模型。虽然人们早就无须像以前那样了解蒸汽机的工作原理，但我们仍能在市面上看到全新的解剖形式的教学模型。对我来说，它们就像实物形式的教材，我也很高兴仍有许多人欣赏这些机械的魅力，让这些传统得以传承。

市面上也有供赏玩的内燃机模型，但相比之下，内燃机模型没有那么受欢迎，可能是因为它们工作时对周围的影响会让人感到不舒服。而蒸汽机模型只需一点点蒸汽或罐装压缩空气就能像绅士一样轻快地运转。一些蒸汽机模型运行得十分平稳，你只需朝它们轻轻地吹一口气，就能让它们运转起来。看着小小的模型嗡嗡地工作，真的让人满心欢喜。如果你想详细了解蒸汽机是如何工作的，还需要透明模型的帮助。

▷ 这是一个精致的蒸汽机透明模型，它的各个部件可以活动，从而可以很好地展示蒸汽机的工作原理。你可以真实地看到它的大部分工作过程。你只需要在左侧对着它吹口气，它就能运转起来，但透明盖板会由于我们的吹气而起雾，所以我们最好使用压缩空气。

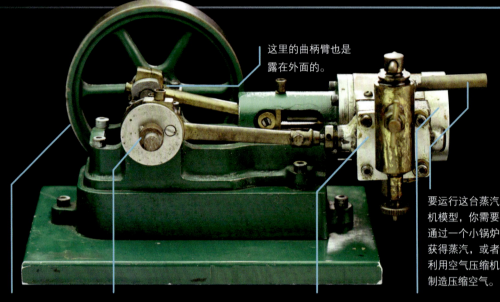

这里的曲柄臂也是露在外面的。

要运行这台蒸汽机模型，你需要通过一个小锅炉获得蒸汽，或者利用空气压缩机制造压缩空气。

飞轮也是能够看见的。

我们很难看到活塞和阀门运动的关系，它们是由蒸汽机模型的这一部分控制的。

我们看不到阀门，它藏在这块金属里面。

我们也完全看不见活塞，它藏在这块金属里面。

△ 这个结实而坚固的蒸汽机模型由铸铁和黄铜制成，比我们刚刚看到的玩具模型高级多了。它大约有 15 厘米长，并且能够平稳运转，它的运转速度取决于你给它施加的压力的大小。

活塞　　控制曲柄臂的阀门　　曲柄臂　　偏心阀门　　飞轮

eisco
Steam Engine Section

阀门确保蒸汽在正确的时间到达活塞的一侧，但这也有一个问题，那就是需要多少蒸汽。调速器用来调节输送的蒸汽量，从而控制蒸汽机的运转速度。那么，调速器具体是如何工作的呢？

右下方是某调速器的两幅特写图片。第一幅是蒸汽机启动前的情况，调速器处于初始状态；第二幅则展示了蒸汽机减速时的情况。

该调速器连接到飞轮的转轴上。当蒸汽机启动时，三个小球就旋转起来。当蒸汽机需要提高转速的时候（此时更多的蒸汽被输送到活塞上），这三个小球就旋转得更快。离心力将这三个小球从中心向外推，压缩支撑它们的支撑臂，从而将穿过支撑旋转组件中心的内轴向下推。阀门的这一系列动作会减少输送到蒸汽机的蒸汽，从而让蒸汽机减速。

这是一种反馈机制。蒸汽机转得越快，允许通过的蒸汽就越少。当蒸汽机减速时，三个小球回到初始位置，系统又会让更多的蒸汽流入，使蒸汽机加速。如果蒸汽机工作正常，这些因素就会平衡，蒸汽机就会以稳定的速度运转。如果蒸汽机不能正常工作，就会出现令人讨厌的"振荡"，无休止地切换加速和减速状态。

这是调节蒸汽机转速的调速器。

◁ 这个透明模型增加了一个调速器。

这是节流阀。当蒸汽机的转速过快时，节流阀就会减少蒸汽流量。

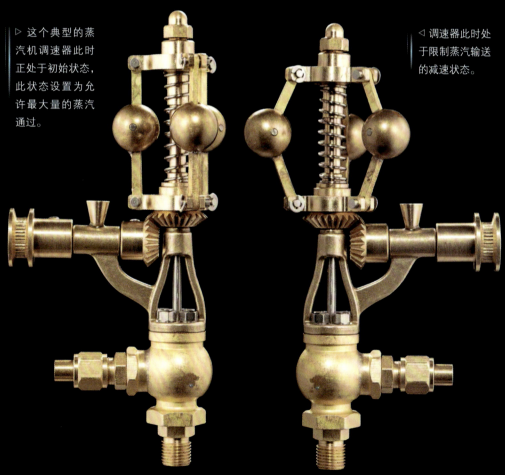

▷ 这个典型的蒸汽机调速器此时正处于初始状态，此状态设置为允许最大量的蒸汽通过。

◁ 调速器此时处于限制蒸汽输送的减速状态。

▷ 蒸汽机模型不
必装饰得十分精
美，通常像图中
这样，全部由黄
铜制成。

△ 实际上，除了蒸汽以外，蒸汽机还可以使用其他种类的压缩气体。举一个很
棒的例子，在为写本书收集的小型铜制蒸汽机模型上，我发现进气口中正好能插
入除尘喷气罐的喷嘴，插上后我按下开关，蒸汽机居然就运转起来了！这恐怕是
目前最方便、最环保，但也是最昂贵、最毫无意义的运行蒸汽机的方式。

◁ 蒸汽机可以搭
配许多东西！这
是一台安装在木
制手杖上的蒸汽
机，这种手杖或
许是维多利亚时
代的绅士使用
的。这台蒸汽机
不是古董，也不
是某位爱好者制
作的绝无仅有的
作品。显然，它
是一种有一定市
场的商品。

▽ 这个 AIR HOGS 牌飞机模型依靠压缩空气驱动螺旋桨旋转来飞行。我用自行车打气筒将空气压缩进一个塑料瓶里，就制成了机身。这个飞机模型不是由压缩空气直接驱动的，而是配备了一个螺旋桨。压缩空气驱动桨叶旋转推开周围的空气，从而让飞机模型飞得更远。你可能想不到，桨叶末端的黄色叶尖进行了增重处理，起到了飞轮的作用，从而能够让螺旋桨持续转动。虽然这样做增加了重量，但飞机模型能更有效地将储存的能量转化为动力，从而弥补增重带来的缺点。

▽ 这台蒸汽机的结构简化到了极致。当活塞运行至底部时，阀门会被气缸末端推至打开状态。从多方面看，这都是一种糟糕的设计方案，因为这意味着气压在活塞静止前就已经施加上去了，并短暂地将活塞朝着错误的方向推动。很明显，阀门的动作存在惯性。这就意味着当活塞按你想要的方向运动时，阀门保持打开的时间会稍长一些，从而产生一个维持蒸汽机运转的合力。这种设计的主要优点是制造成本非常低。制造商甚至会重复使用同一根阀门弹簧来关闭气缸阀门和它下面的进气阀。

这是活塞。

这是气缸阀门。当活塞运行到底部时，气缸阀门被向下推至打开状态。

弹簧向下推进气阀，向上推气缸阀门。

这是进气口。

◁ 这是从网上能够买到的最便宜的蒸汽机模型，只需要 24 美元，但它真的可以运转。蒸汽机曾被认为是早期精密机械的代表，但实际上，即便是一些有实际作用的蒸汽机，我们不用精加工的金属零部件也能制造出来。除了金属锅炉，这个模型的其余部分全部用廉价塑料制成。一些早期的蒸汽机的主要部分只用木材就能制成。但是，我们将在后面看到，内燃机的情况则完全不同，它们必须依赖金属材料和先进的精密加工技术。

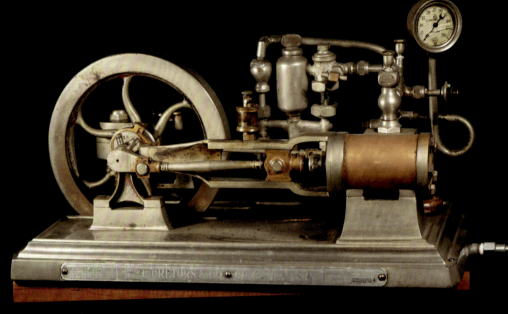

△ 克里斯特公司是一家历史悠久的爆米花机制造商，它制造这些有趣的蒸汽动力爆米花机已经有几十年了。四轮车中间放置有一台蒸汽机，它提供的动力不仅能驱动车身运动，而且能搅拌爆米花，对顾客来说观赏性十足。在加利福尼亚州阿纳海姆的迪士尼公园里，这种带蒸汽机的原始爆米花机仍在使用。

▷ 只有用心才能把这些细节处理好。

△ 有些蒸汽机既是模型，也是有实际用途的工作机。这个蒸汽机模型曾经就是一台货真价实的工作机。也许你会问：这么小的一台蒸汽机能做什么？答案是：做爆米花！

蒸汽机的制造成本可以非常低，但是在制造锅炉时我们丝毫不能偷工减料，否则就会造成危险。蒸汽机模型上的锅炉通常只是一个空心容器，锅炉内的水被从底部传上来的热量加热至沸腾，以蒸汽的形式从顶部排出。在锅炉爆炸前，一个减压阀会打开。在真正的蒸汽机中，锅炉的结构要复杂得多：一个简易的大水箱里有许多金属管，金属管周围充斥着流动的水，大水箱外部被火以及周围的高温气体加热。增加接触面积，的确可以增加传递给水的热量，但这样一来，压力就很容易快速升高。

△ 不要期望锅炉里会有多么炸裂的景象出现，因为这往往是锅炉发生爆炸的糟糕时刻。不用说，锅炉爆炸十分危险，曾经有严重的爆炸事故导致几十人丧生！如今很多蒸汽机的锅炉安装在了有蒸汽或热水的建筑里，这类事故还是时有发生。尽管我们有很多防止爆炸的安全装置（比如自动减压阀），但万事都不是绝对的，一旦这些装置失灵，后果就不堪设想。

拆解一台蒸汽机

为了真正了解蒸汽机是如何工作的，我们必须重点关注活塞、飞轮和阀门三者运动时的相互作用。我花了很长时间了解前几页介绍的金属模型，却一直没有"学明白"的感觉。我所需要的模型是那种省去各种吹毛求疵的工程细节，而着重关注时间和运动的基本原理的模型。

坦白地讲，这个模型一点也不像蒸汽机，但只有在亲手设计制作了这个模型之后，我才真正理解了蒸汽机的基本工作原理。这样一来，对于所有其他类型的蒸汽机的工作过程，我就都能弄明白了。我可以继续设计更加逼真的新模型，也很想通过这些图片向你展示我从模型上学到的东西，不过老实说，至少对我来说，只有拿在手上才能真正理解这个模型。

▷这是一个高度系统化的蒸汽机简化模型的示意图，图中只展示了关键部分。

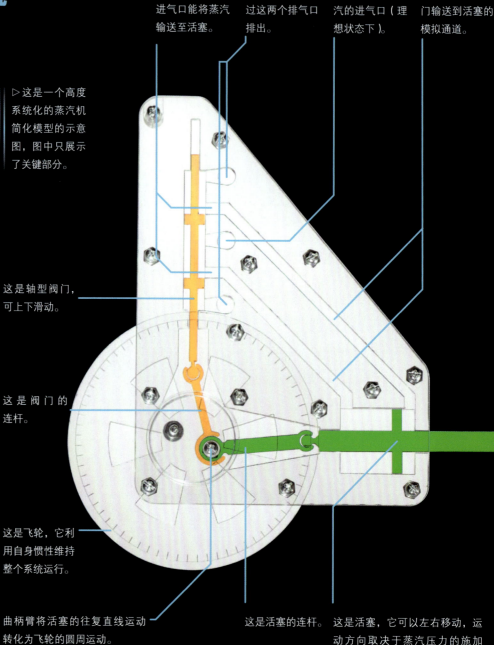

这两个可开关的进气口能将蒸汽输送至活塞。

使用后的蒸汽通过这两个排气口排出。

这是加压后的蒸汽的进气口（理想状态下）。

这是将蒸汽从阀门输送到活塞的模拟通道。

这是轴型阀门，可上下滑动。

这是阀门的连杆。

这是飞轮，它利用自身惯性维持整个系统运行。

曲柄臂将活塞的往复直线运动转化为飞轮的圆周运动。

这是活塞的连杆。

这是活塞，它可以左右移动，运动方向取决于蒸汽压力的施加方向。

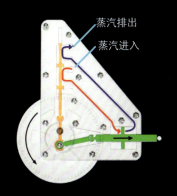

蒸汽排出
蒸汽进入

第 1 步 我们随机从蒸汽机的这个工作状态开始进行介绍。绿色的活塞向右移动了一半的行程，此时正处于气缸中间位置。橙色的轴型阀门打开了一个通道，引导高压蒸汽沿着红色箭头指示的方向通过下方通道，最终到达活塞左侧。在这一阶段，阀门将运动方向从向下切换为向上，几乎没有运动。

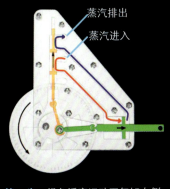

蒸汽排出
蒸汽进入

第 2 步 绿色活塞运动至气缸右侧并逐渐减速。与此同时，橙色阀门快速向上运动。活塞和阀门的运动好比我们用脚蹬踏自行车，在行程内加速运动，然后减速并在行程的一端停止一会儿，以切换方向。活塞和阀门的运动都遵循此规律，但它们不同步，相差了四分之一个循环。当活塞处于运动速度最快的中间位置时，阀门正处于暂停换向状态，反之亦然。

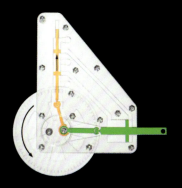

第 3 步 绿色活塞在气缸右端停止运动，即将改为向左侧运动，橙色阀门暂时阻断了蒸汽流动（注意阀门上较粗的部分是如何堵住通道端口的）。此时，橙色阀门正以最快的速度向上运动，所以通道端口不会被关闭太久。

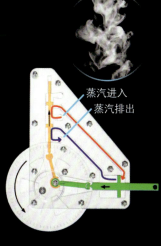

蒸汽进入
蒸汽排出

第 4 步 橙色阀门已经移动到很远的地方（靠上），足以打开一个新通道，供蒸汽流动。蒸汽入口现在与上方通道相连，而非下方通道。所以，此时蒸汽被引导至活塞的右边，而不再是左边。绿色活塞的运动方向改为向左。

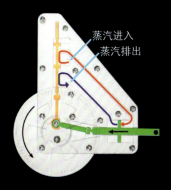

蒸汽进入
蒸汽排出

第 5 步 绿色活塞被从右侧的红色通道进入的蒸汽向左推至气缸中间，此时活塞的运动速度最快。而橙色阀门处于静止状态，即将改变运动方向。请再次注意活塞和阀门运动的交替互补性：当一个快速运动时，另一个几乎停止运动。

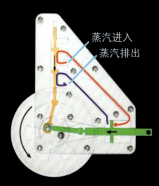

蒸汽进入
蒸汽排出

第 6 步 绿色活塞即将抵达气缸左端，运动速度降低。与此同时，阀门开始向下加速运动，即将再次切断蒸汽流动。

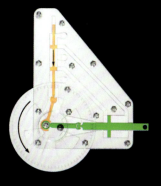

第 7 步 蒸汽流动被短暂切断。橙色阀门的下移速度增至最大，位于气缸左端的活塞暂时停止运动。值得注意的是，当活塞加速、阀门减速时，飞轮能够保持稳定的旋转速度。飞轮被设计得很重，所以在活塞处于止点、蒸汽流动被切断无法推动活塞的情况下，飞轮能够依靠惯性平稳转动。

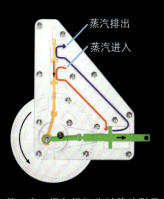

蒸汽排出
蒸汽进入

第 8 步 橙色阀门此时移动到足够远的地方（靠下），允许蒸汽再次流入下方通道，整个蒸汽机的工作状态回到第 1 步。活塞在从左侧流入的蒸汽的推动下开始向右加速，这样一个完整的循环就结束了。

谐波运动和相位角

在刚才介绍的模型中，如果画出阀门上下运动的轨迹，你就会得到一条正弦曲线。物体沿正弦曲线的运动叫作谐波运动。在生活中，

正弦曲线伴随着各种运动或变化随处可见，如弹簧的振动、车轮的滚动、交流电压的变化等。

谐波运动可以说是最为平滑的

循环运动，在整个周期中运动的速度、速度的变化率（加速度）和加速度的变化率都只与时间有关，得到的曲线都是正弦曲线。

▽ 该图展示了上一页模型中阀门的运动情况。

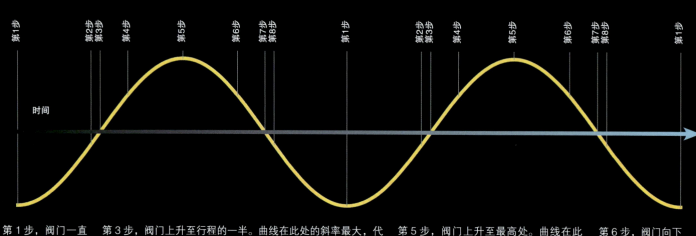

第1步　第2步第3步　第4步　第5步　第6步　第7步第8步　第1步　第2步第3步　第4步　第5步　第6步　第7步第8步　第1步

时间

第1步，阀门一直在底部。

第3步，阀门上升至行程的一半。曲线在此处的斜率最大，代表阀门正以最快的速度运动。

第5步，阀门上升至最高处。曲线在此处的斜率为零，代表此时阀门暂时停止运动。

第6步，阀门向下运动。

如果我们把活塞与阀门的运动曲线放在一幅图里，就能清晰地看到二者的运动是互补的。当阀门以最快的速度运动时（对应于曲线斜率最大的地方），活塞正处于减速、停止和转向阶段（对应于曲线的顶部或底部，斜率为零）。这是设计成功的关键。在实际运动中，这代表活塞需要换向时，阀门需要快速运动以切换蒸汽的输送位置，于是活塞运动到气缸的一端，减速、停止，为换向做准备。

阀门和活塞的运动都遵循正弦规律，但二者相差四分之一个波形，或者说相差 90 度。

在第 22 页和第 23 页所介绍的模型中，你能看出活塞和阀门的运动相差 90 度的原因。橙色阀门做竖直运动，绿色活塞做水平运动，我们称二者的运动曲线的相位相差四分之一个周期。

▽ 我们将阀门（橙色）和活塞（绿色）的运动曲线放在一幅图中。

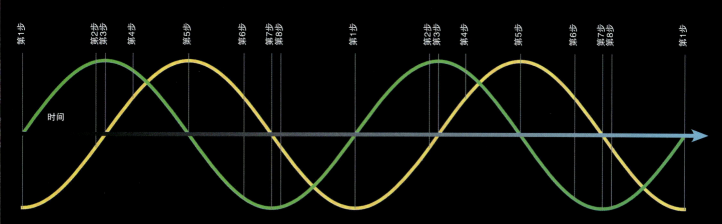

| 第1步 | 第2步第3步 | 第4步 | 第5步 | 第6步 | 第7步第8步 | 第1步 | 第2步第3步 | 第4步 | 第5步 | 第6步 | 第7步第8步 | 第1步 |

时间

第 1 步，活塞（绿色）向右运动至气缸的中间位置。

第 3 步，活塞（绿色）减速运动至气缸右端时停止，转换运动方向。与此同时，阀门（橙色）正以最快的速度通过中心位置。

第 5 步，绿色曲线在此处最陡，代表活塞（绿色）正以最快的速度向左运动，而阀门（橙色）即将转换方向。

我们刚刚介绍的蒸汽机模型是特殊的，阀门和活塞的运动存在90度相位差，这个关系只适用于采用这类阀门的蒸汽机。实际的蒸汽机（以及我所知道的其他模型）看起来与这个模型不同。根据这个模型，我们只能制造出一台糟糕的蒸汽机。为了提高效率，你会希望蒸汽阀门尽量靠近活塞，最好将它直接安装在气缸上，不需要管道就能让蒸汽直接进入气缸。下面让我们看看如何改进这个模型。

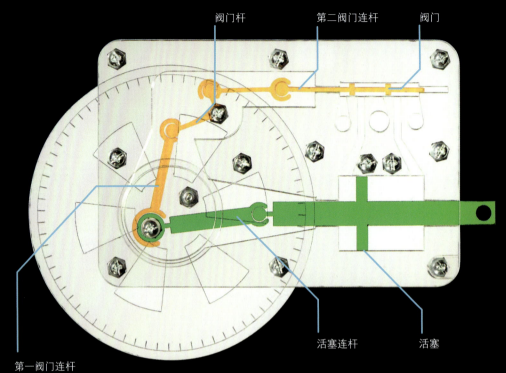

阀门杆　第二阀门连杆　阀门

第一阀门连杆

活塞连杆　活塞

◁ 这个可爱的小型黄铜蒸汽机的高度不足5厘米，它采用了和上面的新模型十分相似的设计，不同的是它减少了活塞的运动，并且阀门只会向活塞的一侧输送蒸汽。这样的简化就像我们只用一条腿骑自行车一样，虽然可行（活塞运动存在足够大的惯性），但提供的动力会直接减半。

△ 这个新模型保留了原始模型中活塞和阀门之间的90度相位差。它不可避免地保留了与原始模型相同的运转程序，但我增加了一个L形杠杆，使阀门更靠近活塞。杠杆也允许阀门只移动一半距离，整个模型更加紧凑。

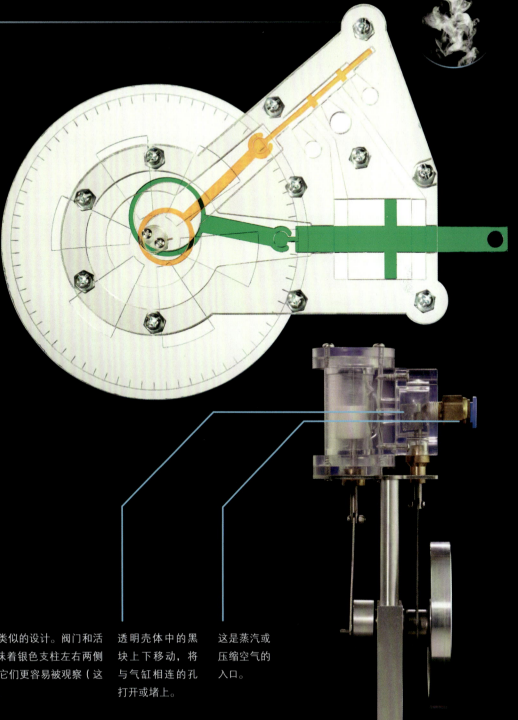

▷ 这个模型在形状和功能上都十分接近全尺寸的真实发动机（除了阀门到活塞的距离有些夸张），然而你会发现阀门和活塞之间的90度相位差似乎消失了。到底发生了什么事？

　　活塞连杆和阀门连杆以两个不同的角度随机变化，并分别连接到两个独立的曲柄臂上，而这两个曲柄臂的另一端也保持互补，似乎也以随机的角度在飞轮轴上旋转。你看不见的是，两组角度经过精心设计，形成了90度的运动相位差。你只能相信我的话，因为你在这个模型上无法看到这种角度关系，更别说从一台真正的蒸汽机上进行观察了。为了追求效率和紧凑设计并保持90度相位差，真实蒸汽机的内部往往布满复杂而精巧的结构。

▷ 这个模型采用了与上面的那个模型类似的设计。阀门和活塞的连杆都以相同的角度连接，这意味着银色支柱左右两侧的曲柄臂在飞轮轴上旋转了90度，使它们更容易被观察（这是有道理的，因为这是一个教学模型）。

透明壳体中的黑块上下移动，将与气缸相连的孔打开或堵上。

这是蒸汽或压缩空气的入口。

多种多样的
蒸汽机驱动方式

我们刚刚介绍的那些模型都遵循相同的工作原理，但蒸汽机还有很多其他工作方式。经过多年的发展，到了蒸汽机时代末期，阀门的设计十分复杂，但效率也很高，因而性能更好、动力更强劲、燃烧效率更高的蒸汽机出现了。

稍后我们会看到一些采用了高科技的蒸汽机，但我想试试能否做出一些前所未有的改变：让蒸汽机的飞轮只带有一个连杆。一开始，我觉得这根本不可能实现，因为阀门需要在活塞停止时保持运动。如何让一个机械连杆在驱动它的物体不运动时仍能保持运动？我的解决方案是在活塞停止前放大它的运动。

原来这种设计在一些蒸汽机车上应用过，虽然它并不新奇，但对我而言是新的。我对自己的这个设计十分满意，这让我有机会在本书中穿插更多的数学内容。这从来不是件坏事，除了对图书销量而言。（我听说书里每出现一个数学公式，销量就会减半。虽然这种说法本身也是一种教条式的"公式"，但我还是只展示了一些图，而没放公式。）

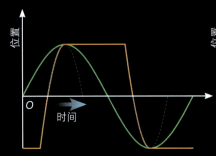

△ 使用与前面相似的正弦图，我们可以将上一页中阀门的运动轨迹可视化为一种经过调整和增强的正弦波。在活塞的大部分运动过程（绿线）中，阀门不动（橙线）。但在活塞运动曲线的顶部和底部左侧，即活塞到达其每段行程的末端时，阀门会迅速向一侧或另一侧移动。

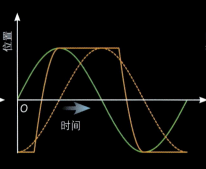

△ 如果将余弦波（平移后的正弦波）与直角模型进行叠加，我们可以看到此时的曲线是余弦波的一种近似，但是更加方正。

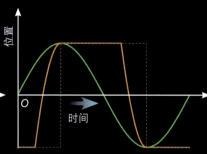

△ 这条偏方形的余弦曲线可能看起来不如原始模型，但请仔细想想，如果我们真想让蒸汽机的效率最大，就要在活塞到达一端的瞬间，让阀门快速从一侧移动到另一侧。因此，最理想的阀门运动轨迹应该是一列方波，我们可以用杠杆来逼近这种理想的运动方式。（另外，正弦曲线运动的好处是平滑，这让蒸汽机在工作时更安静且观感舒适，而不会嘎吱作响。）

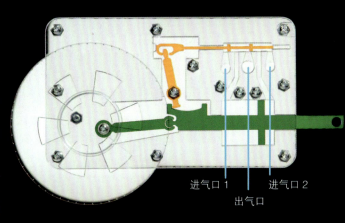

进气口 1　进气口 2

出气口

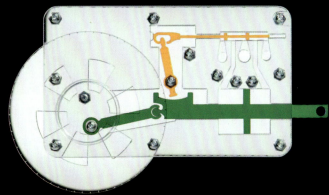

第 1 步　在这个阶段，杠杆臂一直将橙色的水平阀门向左推，绿色活塞运动至右端时停止，蒸汽从右边的进气口 2 进入，然后将活塞向左推。

第 2 步　蒸汽不断从进气口 2 进入，并从中间的出气口排出，活塞被继续向左推。在此过程中，竖着的橙色阀门连杆因受摩擦力的影响而保持在原位没有移动。

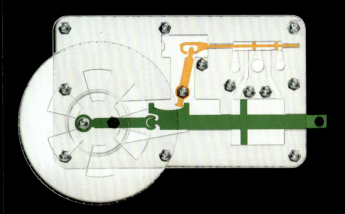

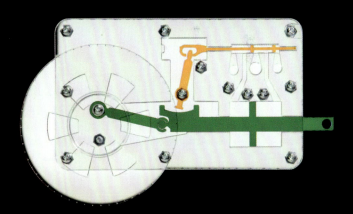

第 3 步　当活塞运动至气缸左端时，阀门连杆被扳了过来，水平阀门移动至最右边，迫使蒸汽从进气口 1 进入，推动活塞开始向右运动。

第 4 步　当活塞被从进气口 1 进入的蒸汽向右推时，阀门连杆受到摩擦力的影响，再次保持静止。直到活塞运动至右端，阀门被扳回左上图所示的位置，一个完整的循环结束。

最简单的蒸汽机

你可能已经看烦了我的设计，那么我来介绍一个今天仍在广泛采用的单连接设计的例子。无论是教学模型还是实际使用的机器，最简单的蒸汽机都是由一根固定的刚性杆将活塞连接到曲柄臂上的。当曲柄臂前后移动时，整个气缸和活塞来回摆动，因此活塞始终指向曲柄末端。

在一个大型蒸汽机中，活塞与包裹它的气缸可能有数吨重，因此让它们一起移动显然是不现实的。但在低功耗的小型蒸汽机和模型中，二者一起移动可以大大简化整个设计。气缸自身作为阀门，根据需要通过左右运动来打开或关闭蒸汽通道。

虽然也只用了一个连接，但在活塞与气缸共同移动的设计中，活塞进出的方向和气缸前后倾斜的方向不同。而在我的单连接设计中，活塞沿着固定轴的进出运动只有一个方向。所以，从数学角度考虑，我的设计更复杂。

从前文对各种模型的分析中，我们不难发现，活塞与气缸共同移动的设计存在一个缺点——气缸只能"单向作用"。也就是说，蒸汽只能将活塞推向一侧，我们要想让活塞向另一侧移动并排出蒸汽，就只能借助飞轮的惯性。这种设计常出现在双缸蒸汽机中，用两个独立的气缸交替推动飞轮，从而保持飞轮上有恒定的作用力。

▷ 这是双缸滑动阀门蒸汽机的另一种设计。在这个例子中，两个气缸之间的夹角为 90 度，它们交替推动同一个曲柄臂。

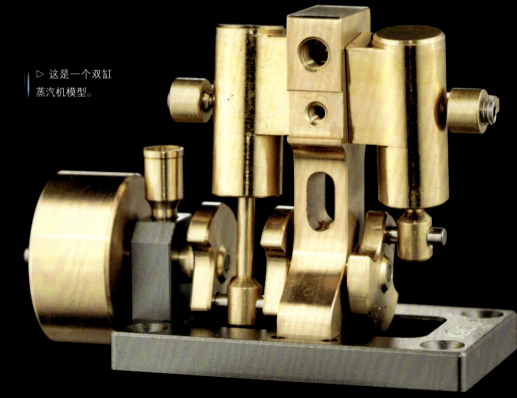

▷ 这是一个双缸蒸汽机模型。

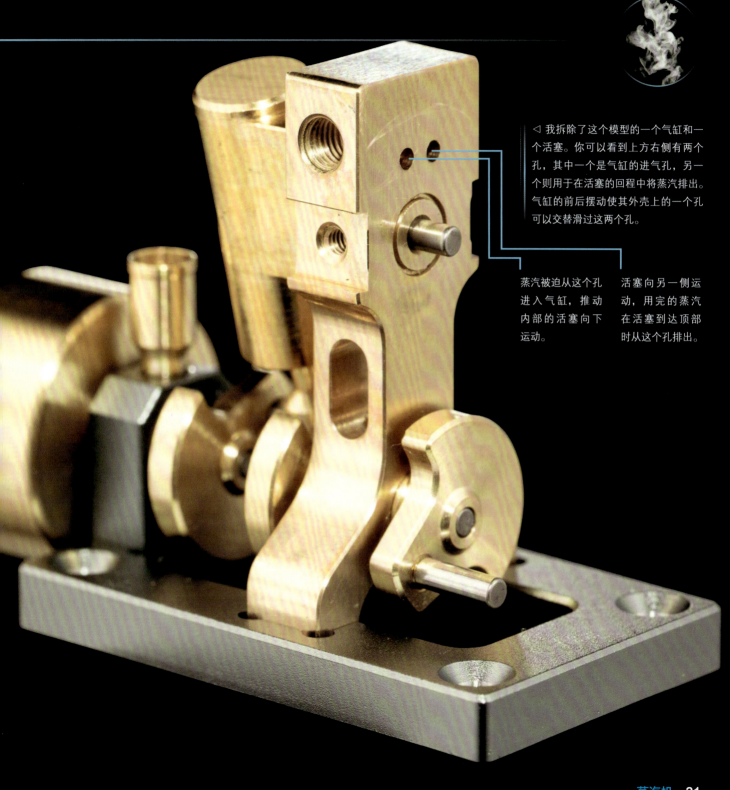

◁ 我拆除了这个模型的一个气缸和一个活塞。你可以看到上方右侧有两个孔，其中一个是气缸的进气孔，另一个则用于在活塞的回程中将蒸汽排出。气缸的前后摆动使其外壳上的一个孔可以交替滑过这两个孔。

蒸汽被迫从这个孔进入气缸，推动内部的活塞向下运动。

活塞向另一侧运动，用完的蒸汽在活塞到达顶部时从这个孔排出。

最好的
老式蒸汽机

人们曾在爱丽丝的兔子洞里走了很远[1]，最终真的设计出了在当时堪称最高效的蒸汽机阀门——科利斯公司于 1849 年获得了一项新阀门设计专利，在提升效率方面取得了巨大进步。与常规的单阀门设计不同，这种设计足足使用了 4 个阀门！活塞的每一侧都有一个特制的独立阀门。虽然这种设计更复杂，

但它可以让蒸汽机以更少的燃料和用水量提供更大的动力，实在是物超所值。

这种设计的原理和我们在第 26 页和第 29 页介绍的模型的工作原理有相似之处：阀门将蒸汽从气缸的一侧切换到另一侧。当阀门关闭时，气缸内的高压蒸汽立即被全部排出。

[1] 这句话源自英国著名作家刘易斯·卡罗尔的经典童话《爱丽丝梦游仙境》，形容一个人在自我探索成长的道路上经历了漫长的过程。——译注

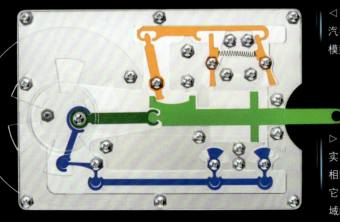

◁ 这是科利斯蒸汽机阀门的一个模型。

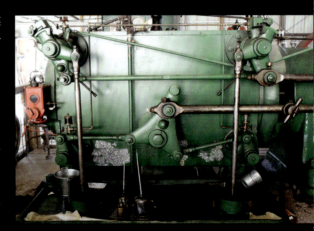

▷ 我们可以在真实蒸汽机上看到相同的 4 个阀门，它们位于矩形区域的 4 个顶点。

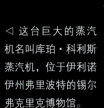

◁ 这台巨大的蒸汽机名叫库珀·科利斯蒸汽机，位于伊利诺伊州弗里波特的锡尔弗克里克博物馆。

设计方算错了屋顶的高度，于是不得不改变房梁的设计，给飞轮腾出足够的空间。

◁ 这是一辆生产于1925年的双E-20型蒸汽汽车，它在当时是极其先进的。它能够循环利用蒸汽，所以你就不用再去加水了。它还使用电动机输送水、燃料和油，并且使用电控系统调节流向锅炉的燃料。它甚至是靠汽油驱动的！

科利斯蒸汽机并不是蒸汽机改良道路上的最终版本，即使在内燃机已发展成熟的时代，新的改良蒸汽机仍在不断出现。

相对于内燃机驱动的汽车，蒸汽机驱动的汽车有着实实在在的优势。例如，它们没有变速器，因为它们可以在转速为零时产生大扭矩（转动力）。它们更安静，速度更快（至少在一段时间里）。但从长远来看，蒸汽机无法跟上内燃机的步伐，正如我们将在后面介绍的那样，内燃机赢得了20世纪。

不用活塞
就能旋转的蒸汽机

活塞驱动的往复式蒸汽机就像我们在前文中看到的机器那样，现在只能在博物馆、古董农机展览会、业余收藏者的后院、车间等地方找到，但这并不意味着它们已经绝迹。实际上，今天一些在发电厂内运行的蒸汽涡轮发动机在蒸汽机家族甚至整个发动机界都是最强大的存在。

在美国，几乎所有传统的国有发电厂都是由蒸汽涡轮发动机驱动的。这些发电厂通过烧水的简朴方式获取蒸汽，唯一的区别是烧水的热量来源不同。燃煤电厂靠烧煤发电，燃油电厂以重油或轻油（0号柴油）为主要燃料，核电站则通过核反应产生热量。各种热源将水加热至沸腾，在高压环境下产生的蒸汽被引导至涡轮发动机，后者驱动发电机旋转发电。

涡轮发动机从蒸汽中获取能量的方式与风车从流动的空气中获取能量的方式相同（用来发电的风车也叫作风力涡轮机）。由于风能是免费且丰富的自然资源，因此风车可以让大量空气从旁边流过。而蒸汽涡轮发动机就没有这么奢侈了，它们要尽可能多地获取流经叶片的气体（或液体）在降压时释放的能量。在发电厂中，超高压蒸汽从涡轮发动机的一侧进入，从另一侧排出时的压力接近大气压（排出时的压力越低，发动机的效率越高）。高效的蒸汽涡轮发动机有几个甚至几十个阶段来处理蒸汽，每个阶段都对蒸汽的压力、体积和速度进行了特殊的设计和优化，蒸汽慢慢冷却并减压，在每个阶段释放更多的能量。

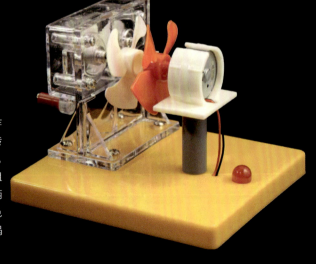

▷ 涡轮发动机基本上是一台反向工作的风扇。它不是用电动机驱动扇叶转动，而是利用吹来的空气转动扇叶，从而驱动发电机。这个模型中的两组扇叶彼此相对。当你转动尾部的曲柄时，白色扇叶会被带动旋转并向红色扇叶吹气，于是红色扇叶就像风力涡轮机一样开始旋转。

▷ 虽然从理论上讲，放置在开放空间中的风扇也算是一种涡轮发动机，但在许多情况下，要想让效率更高，我们就需要将扇叶放在一个壳体中。该壳体能够将相关装置送来的气流收集起来。扇叶的形状、数量和间距取决于运行环境（空气、蒸汽、燃料或水等）以及期望的流量和压力大小。

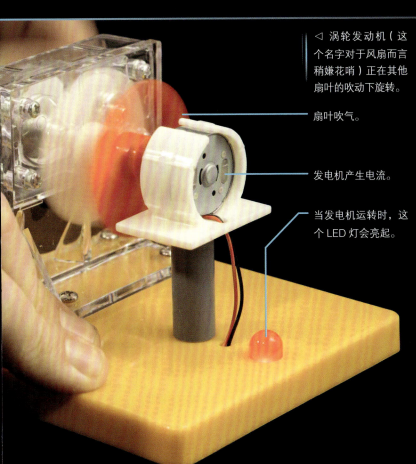

◁ 涡轮发动机（这个名字对于风扇而言稍嫌花哨）正在其他扇叶的吹动下旋转。

— 扇叶吹气。

— 发电机产生电流。

— 当发电机运转时，这个 LED 灯会亮起。

△ 这是夕阳下的巨型风车群，风车更正式的说法是风力涡轮机。它们是左边的玩具模型的放大版，利用风力驱动叶片旋转。伊利诺伊州的农场附近有很多这样的风车。你可以想象，在荒无人烟的大草原上，永无休止的风会把人吹疯，而风车在那里度过了漫长而无聊的时光。

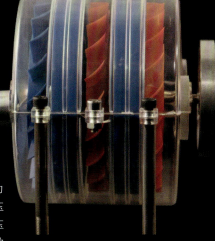

右侧出口的压力比左侧入口的压力低。残留的压力代表被浪费的能量。一台性能优良的涡轮发动机会将气体缓慢排出。

高压气体从左侧进入。

△ 涡轮发动机里的多个工作阶段会在压缩蒸汽排出前，从中获取更多的能量。

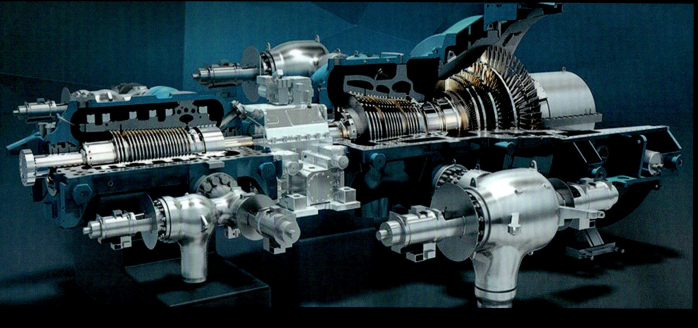

核电站里的蒸汽涡轮发动机体形巨大且造价极高。中间的实心钢轴直径约为 46 厘米，这可以让你了解到该设备的大小。它几乎与足球场一样长。单单一台这样的涡轮发动机就可以产生超过 1700 兆瓦的电力，可以为大约 170 万个家庭提供电力。

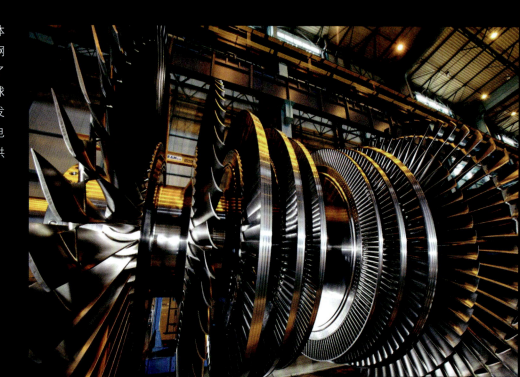

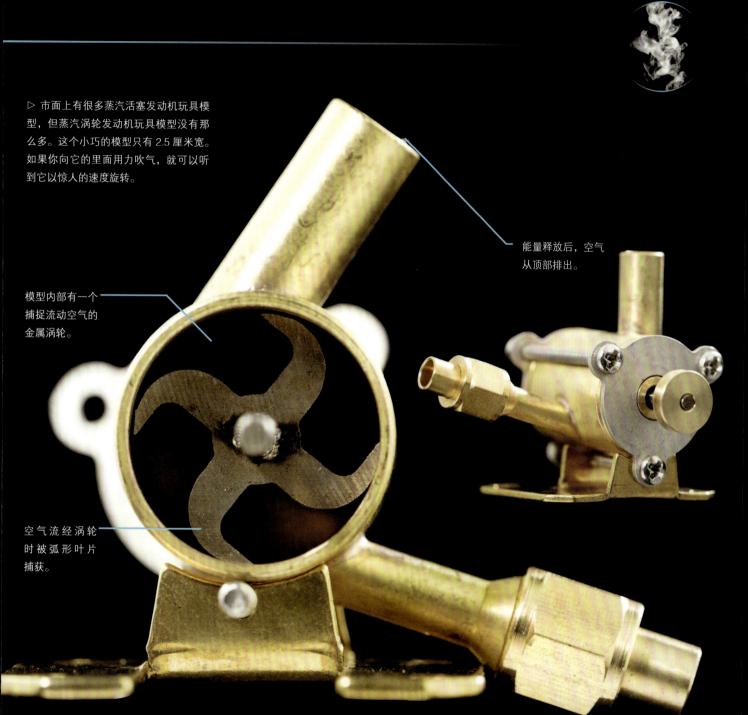

▷ 市面上有很多蒸汽活塞发动机玩具模型，但蒸汽涡轮发动机玩具模型没有那么多。这个小巧的模型只有 2.5 厘米宽。如果你向它的里面用力吹气，就可以听到它以惊人的速度旋转。

能量释放后，空气从顶部排出。

模型内部有一个捕捉流动空气的金属涡轮。

空气流经涡轮时被弧形叶片捕获。

牌飞机模型就是一个用高压气体驱动螺旋桨旋转而让飞机飞行的例子。为什么不直接让高压气体从尾部喷出来推动飞机飞行呢？事实上，确实有一些发动机是这样工作的，但它们有一些很严重的缺点。

假设你乘着一艘没有动力系统的小船漂浮在静止的湖面上，而且不能划水，那么该如何让小船移动呢？你可以尝试向后用力吹气，这可能会让小船动一下，但在到岸前你会崩溃。不论你信不信，这正是火箭发动机的工作原理。为了完成发射，火箭通过喷管喷出气体，利用反作用力将航天器送至太空。将一枚火箭发射到几千米高空所需要的燃料足够我们乘飞机环绕地球一圈了。

想象一下，船上全是你的兄弟姐妹，每个人重约 20 千克，你在船尾把他们一个个用力向后扔下去。这会让船前进。你每扔出一个小朋友，产生的反作用力就会将船推进 3 米左右。当然，你可别真的把他们扔下去。

压缩机将空气吸入并压缩，随后将其送入燃烧室。

发动机周围的"管道"将流动的空气集中起来，提高发动机的工作效率。

燃料在发动机中心燃烧。

涡轮获取热气的一些能量，从而驱动压缩机和旁路风扇的叶片旋转。

热气从发动机尾部喷出，发动机因此获得推力。

由涡轮驱动的风扇移动大量空气，产生的推力比直接喷气要大。

Smithsonian　TESTING LAB

▷ 第一次和第二次世界大战中杰出的战斗机都使用了活塞式发动机，而现代的螺旋桨飞机通常使用涡轮发动机。这类飞机被称为涡桨飞机（涡轮螺旋桨飞机），它们在今天仍被广泛使用，特别是作为小型飞机进行短途飞行。它们的发动机基本上与喷气式飞机的发动机相同，但没有围绕螺旋桨的导流管道。虽然这些飞机的噪声很大，飞行速度也比不上喷气式飞机，但它们更省油。

现在更新一下规则，想象你的手上多了一副划水的船桨，你可以利用它们与水的反作用力推动船前进。这可比吹气和扔小孩省力多了！飞机的螺旋桨就像一副专门用来划空气的船桨。从质量和动量的角度来解释，螺旋桨利用周围的空气来给飞机提供推力。最妙的一点在于，空气充斥于整个空间，飞机无须专门携带空气，像小船可以利用大量的水一样，你只要有足够的能量，就可以持续划桨向前移动。

你可能会认为喷气式发动机的工作原理和火箭发动机一样，都是把热气从后部喷出。它们的确有相似之处，然而喷气式发动机其实更像螺旋桨飞机的动力装置。喷气式发动机是涡轮发动机、压缩机和"管道风扇"（管道内的螺旋桨）的组合。

在喷气式发动机中，燃料在中部的燃烧室中燃烧，经过加压的热气驱动后端的涡轮。发动机前部有一台与涡轮连在同一根轴上的压缩机，它将空气吸入并进行压缩，让更多的燃料燃烧，从而产生更多能量。

在喷气式发动机的最前面，有一副更大的螺旋桨连接在同一根轴上，这些桨片将空气从后端排出，完全绕过中间的发动机。喷气式飞机和螺旋桨飞机的主要区别是：喷气式飞机的桨片在管道内，而螺旋桨飞机的桨片在管道外。

▽ 这是"土星5号"运载火箭。与水火箭模型不同，真正的火箭依靠发动机从尾部吹出的气体来工作。它们能够释放出大量快速运动的气体来让自己离开地面。尽管很难比较，但我们可以肯定的是，无论如何计算，火箭发动机的功率都远超其他类型的发动机。这枚"土星5号"运载火箭的发动机功率比最大的涡轮发动机、最大的柴油发动机以及最大的电动机的功率加在一起还要大几倍。

▷ 这个水火箭实验用到了前文提到的"扔小孩"原理，不过它"扔"的并不是小孩，而是水。我们首先在瓶子中装一半水，然后用自行车打气筒往瓶中充入压缩空气。如果加的水过多或者过少，火箭都不会飞得很高。压缩空气在膨胀时提供能量，向下喷出的水依靠反作用力为火箭提供动力。与"扔小孩"原理相比，压缩空气相当于我们的手，而水相当于我们在船上向后扔出的小孩。这种发动机的应用范围严重受限，因为它必须携带提供反作用力的物质，而非周围充足的空气。它的唯一优点在于它和真正的火箭一样，能够在没有空气的地方正常运行——无论是月球上还是外太空。

▽ 汽转球是已知最早的将蒸汽的能量转化为动力的装置，它在两千年前诞生于罗马和埃及。它的工作原理更像喷气式飞机、涡轮发动机或火箭，而不是"现代的"活塞式蒸汽机。锅炉里的水沸腾，产生的蒸汽从三个弯管中喷出，使球体旋转。作为玩具，它还是很有意思的；但作为发动机，它几乎没有什么用处。

▽ 这是一台草坪洒水车。当它沿着我们设置的路线缓慢行驶时，喷出的水会覆盖一大片区域。它的两个喷嘴喷水以驱动洒水臂旋转，就像汽转球的弯管喷出蒸汽一样。在这个由很重的铸铁制成的装置内部，蜗轮驱动一个大直径的齿轮缓慢转动，然后通过调节双挡变速器（可以通过与变速器相连的杠杆选择高速挡或低速挡）驱动车轮转动。虽然这个装置依靠水压运行，但它是我所知道的最接近汽转球工作原理的装置。

▽ 这是一个透明球体，球体内的叶片在光照下可以自行旋转。这个球体内部的机构就是一台依靠压缩空气运转的发动机，但球体是完全封闭的，推动叶片的压缩空气从何而来呢？

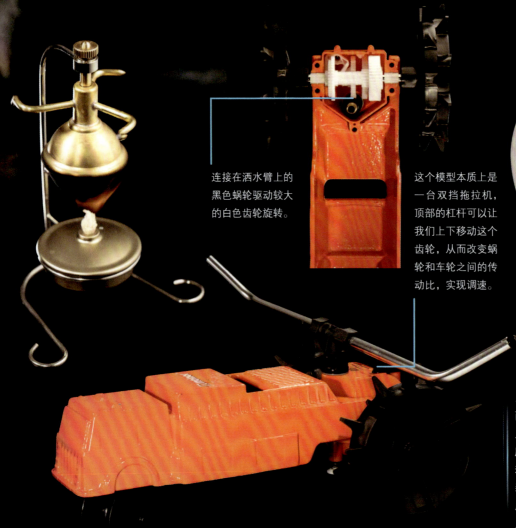

连接在洒水臂上的黑色蜗轮驱动较大的白色齿轮旋转。

这个模型本质上是一台双挡拖拉机，顶部的杠杆可以让我们上下移动这个齿轮，从而改变蜗轮和车轮之间的传动比，实现调速。

△ 原来，叶片的一面是黑色的，另一面是闪亮的金属。当光线照射在叶片上时，由于黑色的一面吸收的热量多，所以它附近的空气压力较大，从而推动叶片旋转。从某种意义上看，这个装置的工作原理与汽转球喷出蒸汽的原理相似。在理论上，你可以利用叶片的旋转来发电，只不过发出的电太少，没有实用价值。

◁ 这个可爱的圣诞玩具是一台由 4 根蜡烛驱动的燃气涡轮发动机。当蜡烛点燃时，空气受热膨胀，密度减小，于是热空气慢慢上升并推动上层叶片旋转，叶片带动风铃一同转动。蜡烛的热能最终转化成了动能。由于蜡烛周围的冷空气会源源不断地补充过来，所以叶片和风铃就会持续旋转。虽然这种玩具十分低效，但它的精致和美丽弥补了效率上的不足，让我们想起了曾经平静而又简单的岁月。

▷ 如果你发现自己身处 20 世纪 70 年代英国经典电视喜剧的情境中，那么买 4 根蜡烛可能会成为一个问题。经典喜剧《两个罗尼》围绕"four candles"（4 根蜡烛）听起来很像"fork handles"（草叉柄）展开了滑稽的表演。在英国，"fork"可以指园丁用的草叉，而它可能需要配一个可替换的手柄。因此，如果你走进一家杂货店并告诉老板你要"fork handles"，他很可能会给你 4 根蜡烛，反之亦然。总之，你必须亲身去体验。这个笑话在英国很有名，有一件事可以证明：我在伦敦偶然看到一家五金店在销售一种能放 4 根蜡烛的烛座。（我是一头雾水，直到一位英国本地人向我解释了原因。）

不使用蒸汽的现代蒸汽机

蒸汽驱动的活塞发动机现在仅存于博物馆，蒸汽涡轮发动机也只有在大型发电厂才能看到，而靠压缩空气运转的发动机则有很多。如果算上使用压缩液体（如液压油）的发动机，这类不使用蒸汽的机器在建筑工地、农场和工厂中随处可见。

手持气动工具几乎都使用带"叶片"的发动机，它们没有活塞和飞轮，而只有一组受压缩空气驱动的螺旋桨。这种发动机可以由压缩空气驱动，但与活塞发动机相比，它们需要更多的压缩空气才能输出相同的功率。所以，除非质量轻和结构简单这两个因素比效率更重要，这种发动机一般不会派上用场。

叶片式发动机可以很便宜，左图所示的这种气动刻磨机的售价仅为9美元。在这种气动刻磨机中，滚珠轴承是唯一需要用高精度设备制造的组件。由于大批量生产，加上其他零部件更加低廉的制造成本，它居然比我买它那天中午吃的三明治还便宜。（公平地说，那个三明治还是很实惠的！）

△ 气动刻磨机的转速特别快，它通常需要搭配小磨石或金刚石刀头，用于修整物体的边缘或去除金属铸件上多余的模具痕迹。

▷ 这是气动刻磨机内的发动机，它有4个在空心管道内旋转的钢制叶片。叶片必须在管道内形成良好的密封，不得漏气。我们不必设计高精度的管道和叶片来实现密封，而只需在发动机快速旋转时让叶片在离心力的作用下紧贴在管道内壁上。这样一来，在非工作状态下，叶片的大部分可以留在槽里，既节省成本也方便更换。从右图中可以看到上边的叶片完全置于槽内，侧面槽里的叶片露出了一半，而下边槽内的叶片已经掉出来了。

这是圆柱形筒夹，用来固定小磨石或金刚石刀头等。

上边的叶片和侧面的两个叶片松散地放置在槽里。

下边槽里的钢制叶片在发动机静止时已经掉出来了。

▷ 这是汽车修理店拆装轮胎时常用的气动扳手，它可以用来转动螺母和螺栓，但与手动扳手持续施加压力不同，它在一秒内冲击螺母或螺栓数次，直到螺母或螺栓开始松动。当我们用这种气动扳手取螺母或螺栓时，一开始听到的是快速的冲击声，然后是像牙钻发出的声音。利用压缩空气，小巧轻便的气动扳手可以用非常大的力量冲击螺母或螺栓，其内部有一个集成锤模块。一旦螺母或螺栓松动，气动扳手就会切换到快速旋转模式将其卸下。

▷ 由于右图所示的牙钻和上述气动扳手都依靠压缩空气运行，所以它们发出的声音听起来有点相似。牙钻比气动扳手小得多，运行速度更快，也没有集成锤模块（这也正是你所希望的）。

▽ 下面是两款普通的盘式砂光机，其中左边是电动款，右边是气动款。你使用后就会发现，这两款砂光机有一个很有趣的区别：电动款的发动机用久了会发热，而气动款的发动机越用越冷！空气和其他大多数气体一样，在膨胀时会变冷。气动砂光机内部的空气膨胀时，热能转化为机械能，所以气动砂光机会变冷，以至于握持的手感都不舒服。

空气推动叶片旋转半圈后，从这些槽口中流出。

高压空气从这个圆口进入中空管道，中空管道的另一端是出气口。

这个小凹槽巧妙地将少量压缩空气引至转子内叶片的后面，将叶片向外压。这让刻磨机能够在外压叶片的离心力产生前就启动。

空气在膨胀时会降温，而在压缩时会升温。这是散热片和风扇，它们用来给压缩机的机头降温。

真空马达

以压缩空气为动力的发动机很常见，但你听说过它的相反类型——真空马达吗？真空马达在几十年前的老式汽车中很常见，用来驱动挡风玻璃的刮水器。到目前为止，它最为绝妙的应用是自动钢琴。

这种漂亮的乐器曾流行于19世纪末至20世纪中期，完全依靠真空运行，卷纸上密密麻麻的小孔记录着待演奏的乐谱。风箱受脚踏板控制，在钢琴底部的腔室内产生负压，产生的气流通过软管穿过小孔触发气动阀，然后带动弦槌敲击琴弦弹奏出对应的音符。

由于本书的重点是发动机，所以我们关注的是含有5个风箱的真空马达能够带动卷纸，这真的让人感到惊奇。这种发动机看起来像一种有5条腿的奇怪昆虫，5条腿从一端到另一端呈波浪形上下移动。这些腿会移动滑动阀，交替使风箱与空气连通，然后连接到下方的真空室。当风箱与空气连通时，它们会放松并张开口。当风箱与真空室相连时，它们会被吸在一起，像蒸汽机内的活塞一样驱动曲轴。为什么使用5个风箱？因为运动要尽可能平稳，而多个风箱协调工作时能达到这一目的。为什么我的自动钢琴内的真空马达运转起来不平稳？因为它"讨厌"我，这就是原因。我已经试过所有方法了。

▷ 刮水器的刮片需要沿着弧形路线来回移动擦拭雨水。这个过程并不是靠压缩空气来回推动内部叶片实现的，而是利用了活塞在汽油或柴油发动机中运动时产生的吸力（叫作"发动机真空"）。这种真空在两边交替吸引叶片移动。（从技术上讲，叶片是被另一侧的大气压推动的。但重点是这个装置是在压力低于大气压的环境中运行的，而利用蒸汽或压缩空气工作的发动机处于压力高于大气压的环境中）。

这是刮水器的真空马达，内部叶片的边缘与半圆形外壳紧密贴合，叶片根部则直接与真空马达的轴相连。刮水器工作时，叶片两侧的空腔交替"充入"真空，叶片在推力作用下来回移动，进而通过真空马达的轴驱动刮片来回扫过车辆的挡风玻璃。

当叶片运动至另一端时，它会转动这个开关，将真空"引导"至另一侧，从而让真空马达向相反的方向运行。

▷ 从正面看，自动
钢琴的上方有 5 个
滑动阀，它们可以
打开或盖住下方的
孔。当孔打开时，
位于下方的风箱可
以随着周围空气的
充入而膨胀。当孔
被盖住时，风箱被
内部的真空吸至折
叠状态。

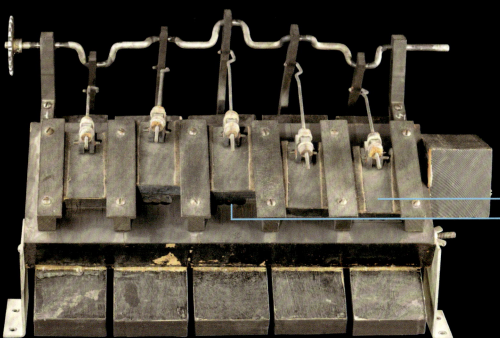

阀门关闭。

阀门打开。

▷ 从后往前看，我
们可以看到风箱以
及它们和曲轴之间
的连杆。整个装置
就像一台五缸蒸汽
机，只不过它利用
真空进行工作，而
不是用蒸汽压力推
动活塞。

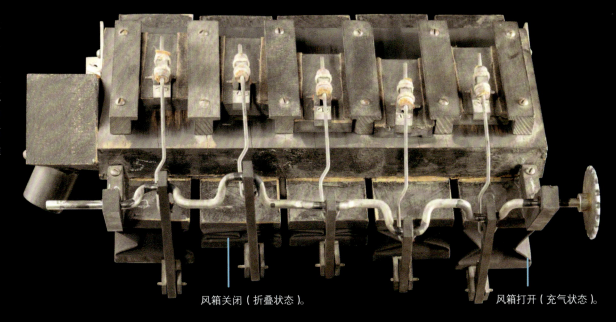

风箱关闭（折叠状态）。

风箱打开（充气状态）。

液压马达

使用液压油液而非压缩空气的动力装置也很常见，我们称之为液压马达。它们的主要优点是在任何速度下都可以精准地提供巨大的扭矩（转动力）。液压马达之所以能产生如此大的力，是因为其内部的液压油液可以产生巨大的压力。液压油液在高压状态下从一侧流入，然后以低压状态从另一侧流出。

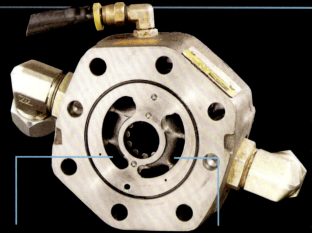

超高压油液从左边的环形槽流入。

使用后的低压油液从右边的环形槽排出。

当液压马达内部的液压油液发生泄漏并流回储液罐时，这个紧急处理阀可以将泄漏的液压油液送回正确的地方。

△ 这是一台内齿轮油泵式液压马达，它和叶片马达有些许相似，不同的是它的制造精度非常高（成本是叶片马达的 50 倍）。特制的进油口将高压油液输送至齿轮的齿间空隙。内齿轮比外齿轮少一个齿，当内齿轮受力旋转时，各个齿间的液压油液被依次输送至另一侧的低压出油口。出油口的形状经过了特殊处理，使得流出的低压油液可以保持稳定的压力和流速，最大限度地减小震动。

△ 这台液压马达尽管只有约 20 厘米宽，但它的零部件非常厚实。这是因为这台液压马达内的液压油液处于高压状态，压力大约为大气压的 200 倍。因此，该液压马达内部的零部件和外壳承受的压力是巨大的。

气动马达和液压马达谁是王者？这让我们想起了蒸汽机

离我住的地方不远处有一个阿米什人社区，他们中的许多人以制造家具为生，会使用电动机驱动大型木材加工设备。因为花钱请一家电力公司供电的花费过高，所以他们决定将机器上所有的电动机换成液压马达，并将液压马达连到一个由柴油机驱动的大型中央液压泵上。

液压马达在运行时不会产生热量，而且它提供的扭矩比电动机的扭矩更加平稳，所以单就机器本身而言，阿米什人的解决方案十分合理。但其他人的住宅和商店还是选择了用电，因为这样能节省柴油机的维护费用，远离液压马达让人神经紧绷的噪声，而且电路的维护也比液压管线的维护更简单和方便。

接下来，我们将参观位于伊利诺伊州阿瑟地区的四亩木制品商店。25 年前我盖房子用的门、地板以及大部分家具都来自这家商店。

压缩空气从这根
管道进入。

▷ 乍一看，这台机器像一款经典的得伟牌滑动复合式斜切锯。（我有一个与这种斜切锯一模一样的模型。）但仔细看，你就会发现发动机外壳后面似乎有点不对劲儿。

△ 在这个塑料外壳内，一台空气压缩机替换了原来的电动机，而本来连在侧面的电线也被换成了空气管道。因此，这台机器运行时的声音听起来像一个大型牙钻发出的，而非原本类似吸尘器的隆隆声。

△ 这是我家里
的一台精良的
数控切割机，
我对它爱不释
手。但仔细看，
你会发现我在
使用它时遇到
了一些困难。

▷ 这是数控切割机的局部放大图。
我们可以看到电动机被高压液压马
达替换掉了。这种拆换内核的做法
在我们这里屡见不鲜，比如刚才提
到的阿米什人就会用液压马达换下
电动机，再将拆下来的电动机卖给
附近的英国人。一些制造商也会把
不带发动机的设备壳体打折出售。

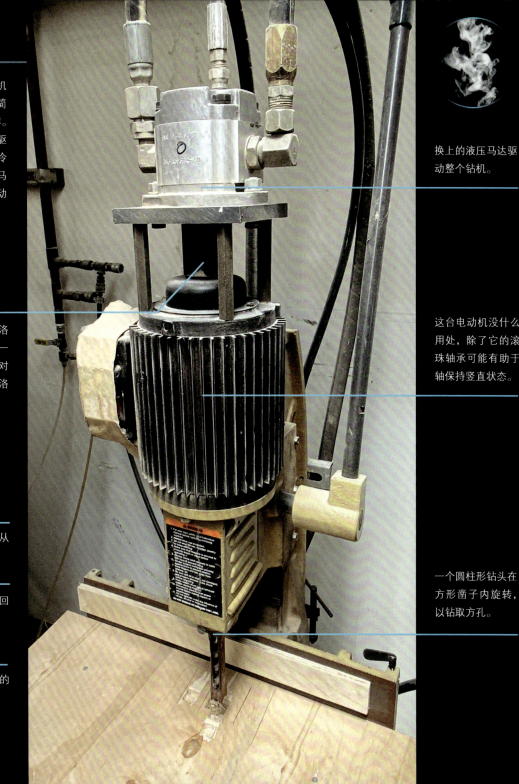

▷ 有时候，相对于将原来的电动机拆下并更换，把它保留在原位更简单，就像这台弗兰肯斯坦钻机一样。这种钻机的电动机通常会在顶端驱动一个封闭的冷却扇，我们将这个冷却扇拆除并更换为液压马达，液压马达通过电动机驱动钻头运转，而电动机则不需要电力。

在液压马达和电动机之间，有一个洛夫乔伊牌联轴器，它由两个轮毂和一个弹性零件组成。它允许存在少量对准误差，并具有一定的减震效果。洛夫乔伊公司生产的联轴器享有盛名。

液压油液以约 200 倍大气压的压力从上方的软管中流入。

中间较细的软管是排油管，它负责回收内部泄漏的液压油液。

使用后的液压油液以比原先低得多的压力从下方的软管中流出。

换上的液压马达驱动整个钻机。

这台电动机没什么用处，除了它的滚珠轴承可能有助于轴保持竖直状态。

一个圆柱形钻头在方形凿子内旋转，以钻取方孔。

▽ 这款台锯当然是由液压油液驱动的，但它有一个有趣的地方。

◁ 人的手指触碰到旋转的锯片时，起保护作用的铝块就会撞击锯片，在5毫秒内机器就会停下。虽然锯片和铝块会因此损毁，但你的手指安全了，这种保护功能还是很必要的。

△ 前面介绍了真空马达和液压马达，但这并不意味着电力不重要。即便是前文提到的阿米什人，天黑时他们在家里也会用电灯照明，以防走路时摔倒、切菜时切到手指等。这款台锯采用了最新的安全技术。与触碰木材、钉子等物体不同，当触碰到人的手指等"重要物体"时，锯子会停止工作。它还带有一个记录触碰信号的"黑匣子"，用户需在触发停止功能后将"黑匣子"送给厂家并附上情况说明，以便厂家进一步改进。

△ 这是一台多面整形机，它比简单的台锯和钻机要复杂得多。它有两个受牵引器控制的整形压头，在使用时压头紧紧压住板材并转动滚轮，实现对板材的整形。右侧的控制面板上有几个控制开关。

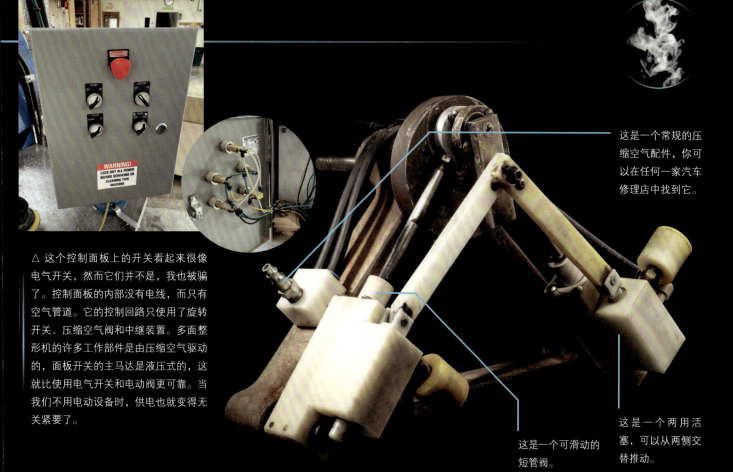

△ 这个控制面板上的开关看起来很像电气开关，然而它们并不是，我也被骗了。控制面板的内部没有电线，而只有空气管道。它的控制回路只使用了旋转开关、压缩空气阀和中继装置。多面整形机的许多工作部件是由压缩空气驱动的，面板开关的主马达是液压式的，这就比使用电气开关和电动阀更可靠。当我们不用电动设备时，供电也就变得无关紧要了。

这是一个常规的压缩空气配件，你可以在任何一家汽车修理店中找到它。

这是一个可滑动的短管阀。

这是一个两用活塞，可以从两侧交替推动。

▽ 这是家具店陈列柜里配备的冷却扇，它是由活塞式气动马达驱动的。它有两根通风管，陈列室的冷却循环系统将废气从这两根通风管排出。（有些店家会把其中一根作为排水管使用，这样既能让冷却扇工作时更加安静，又能防止润滑油流进干净整洁的陈列柜里。）

△ 这个落地风扇是由相同的活塞式气动马达驱动的。

△ 这是 2020 年生产的一款双缸风扇马达。它和右下角这个我们在第 30 页看到的小模型很像，只不过大了很多倍。虽然它的结构布局很像蒸汽机，而且的确能够使用蒸汽，但它实际上是一台气动马达，使用的是压缩空气。

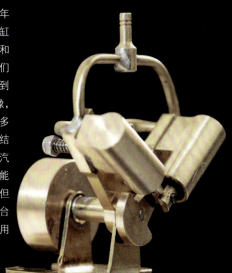

△ 我们知道，少量的压缩气体（或液压油液）释放能量后以低压状态排出，那么增压过程的动力来自哪里呢？答案是柴油机，功能强大的柴油机可以为整个车间提供动力。下图是柴油机的局部放大图。

△ 由于 AIR HOGS 牌飞机模型和展厅陈列柜的内部空间有限，所以它们更适合采用我们在前文介绍的活塞式气动马达。而没有空间限制的阿米什人则选择像上图这样的叶片马达。虽然需要更多的压缩空气，但它具有更加简单的结构，也更加可靠。

▽ 下图中有两个小得出奇的液压泵，它们通过皮带与柴油机的传动轴连接，为车间提供大部分动力。虽然这些液压泵无法同时驱动所有机器，但没关系，一般车间里也不会有足够的人手同时使用所有机器。在电气车间里，同时打开所有设备可能会触发断路器，在家里同时打开烤面包机和吹风机时也可能会引起跳闸。

△ 这是一台小型交流发电机，它也通过皮带连接到传动轴上，为车间提供相对较少的电力。

△ 上图所示是液压管道网，负责将高压油液从液压泵输送到液压马达，并将低压油液送回液压泵进行再循环。由于要承受液压油液的高压，这些管道比常规水管更粗更结实。相比之下，电气车间使用电缆就显得简单方便多了。

我很荣幸能够参观阿米什人的车间。它们并不是旅游景点和博物馆，而是一个个高效的现代化工业车间，负责生产当地的大部分家具和预制的建筑材料。出于综合考量，阿米什人决定不在这些车间里使用电力。

斯特林引擎

我们一直谈论的蒸汽机其实是外燃机的一种。外燃机的燃料是在机器外部燃烧的。我们很快就要进入更大的内燃机世界，但在此之前，我们还要讨论一下外燃机，再看一个非常好的变体和一个非常笨的变体。

斯特林引擎也是外燃机的一种，它有点像蒸汽机，但气缸内的工作介质不是蒸汽，而是空气。所以，它的加热原理是用各种热源（火、热水、热咖啡等都可以）将空气加热，使其膨胀。

斯特林引擎的非凡之处在于只要有一个热源和一个吸热装置，它就能运行，即使二者的温差很小。你甚至可以在一杯热咖啡的上方运行一台斯特林引擎。

如果一杯热气腾腾的咖啡没有盖盖子，那么热量主要通过水分蒸发快速流失，几分钟后咖啡就会变凉。如果我们在咖啡杯上方放置一台斯特林引擎，让它在阻止水分蒸发、保留热量的同时将热能转化为机械能，那么这台斯特林引擎仅靠这一杯咖啡就可以运转整整半小时，直到咖啡冷却到室温才停下来。

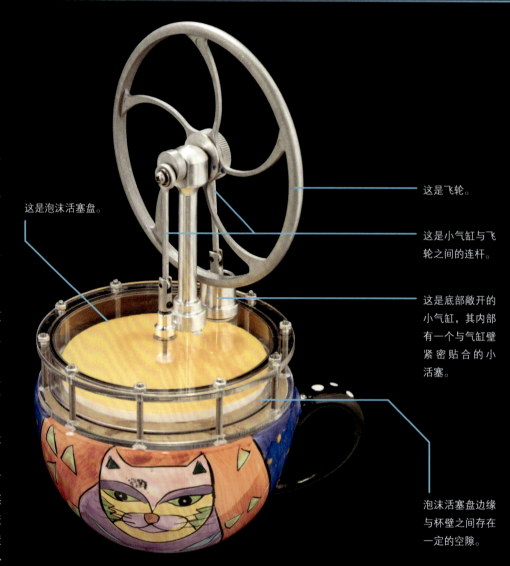

这是泡沫活塞盘。

这是飞轮。

这是小气缸与飞轮之间的连杆。

这是底部敞开的小气缸，其内部有一个与气缸壁紧密贴合的小活塞。

泡沫活塞盘边缘与杯壁之间存在一定的空隙。

△ 蛋糕杯上的这台斯特林引擎太可爱了！它的内部有一个用泡沫塑料做的轻质活塞盘，该泡沫活塞盘的直径比蛋糕杯的内径略小。当泡沫活塞盘上下移动时，杯内的空气通过微小的空隙流动于泡沫活塞盘的上下两侧，交替接触较冷的活塞盘上表面和较热的下表面。我们将在下一页分析它的工作原理。

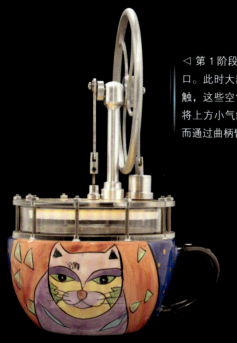

◁ 第1阶段：泡沫活塞盘靠近蛋糕杯口。此时大部分空气与较热的咖啡接触，这些空气受热膨胀，升高的气压将上方小气缸内的小活塞向上推，从而通过曲柄臂带动飞轮转动。

◁ 第2阶段：小活塞被受热膨胀的空气继续向上推，而泡沫活塞盘则在飞轮的驱动下向下移动。杯内的空气经空隙流向泡沫活塞盘上方，与较冷的上表面接触。

◁ 第3阶段：泡沫活塞盘继续向下运动接近咖啡。此时杯内的大部分空气流动至泡沫活塞盘上方，与较冷的上表面接触。这些空气降温收缩，导致杯内的压力下降，小活塞向下运动。与此同时，曲柄臂被设计成刚好越过飞轮顶部，准备开始向下运动，因此飞轮就可以在小活塞向下的牵引下继续沿原方向转动。

◁ 第4阶段：泡沫活塞盘向上运动，回到第1阶段，然后继续循环。常规的斯特林引擎都是这样工作的：在一个上、下表面存在温差的大气缸中，一个与气缸壁之间存在空隙的大活塞上下运动，大活塞上、下两个空间的体积不断变化。而在一个与大气缸连通的小气缸中，有一个与其紧密贴合的小活塞，它将空气交替膨胀和收缩时释放的能量成功地转化为机械部件运动时的动能。

斯特林引擎通常只产生非常小的功率和扭矩（转动力），它的实际应用并不多，但它可以完美适配柴火炉的传热扇。如下方小图所示，传热扇底座与柴火炉上表面接触。当炉里生火后，斯特林引擎利用气缸底部与顶部的温差，为传热扇提供动力，将热量送至房间的各个角落。

▽ 尽管我十分喜爱像斯特林引擎这样的发动机，而且它十分适合驱动柴火炉的传热扇，但这种传热装置还有一种更便宜的版本。该版本使用一台小型电动机和一台温差发电机，温差发电机可以利用温差直接发电驱动扇叶转动。这种设计的效果很不错，而且它的成本只有斯特林引擎的五分之一，还无须手动启动。

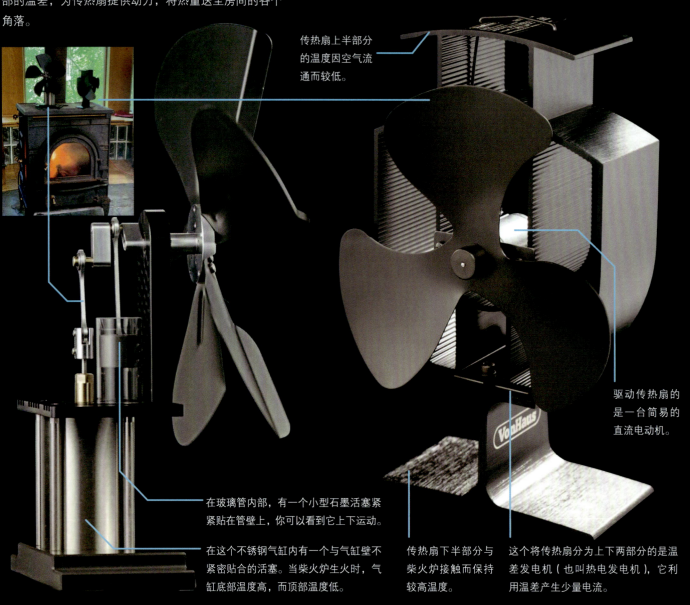

传热扇上半部分的温度因空气流通而较低。

驱动传热扇的是一台简易的直流电动机。

在玻璃管内部，有一个小型石墨活塞紧紧贴在管壁上，你可以看到它上下运动。

在这个不锈钢气缸内有一个与气缸壁不紧密贴合的活塞。当柴火炉生火时，气缸底部温度高，而顶部温度低。

传热扇下半部分与柴火炉接触而保持较高温度。

这个将传热扇分为上下两部分的是温差发电机（也叫热电发电机），它利用温差产生少量电流。

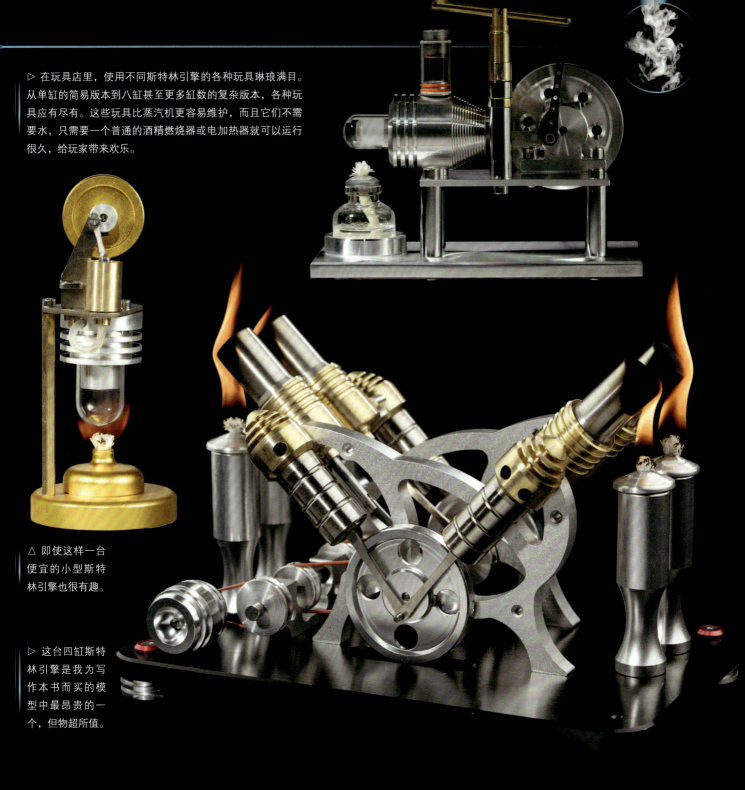

▷ 在玩具店里，使用不同斯特林引擎的各种玩具琳琅满目。从单缸的简易版本到八缸甚至更多缸数的复杂版本，各种玩具应有尽有。这些玩具比蒸汽机更容易维护，而且它们不需要水，只需要一个普通的酒精燃烧器或电加热器就可以运行很久，给玩家带来欢乐。

△ 即使这样一台便宜的小型斯特林引擎也很有趣。

▷ 这台四缸斯特林引擎是我为写作本书而买的模型中最昂贵的一个，但物超所值。

△ 这是斯特林引擎的一个奇怪的变体——热声斯特林引擎。它取消了蛋糕杯中的泡沫活塞盘，取而代之的居然是钢丝绒！钢丝绒的两端一冷一热。当这个引擎运转时，一股空气就像在普通斯特林引擎的大气缸中一样，在钢丝绒的两端来回流动。空气不需要泡沫活塞盘的推动就可以交替受热膨胀和冷却收缩。这种天马行空的创意确实有效——我亲眼所见！

△ 这个模型将斯特林引擎的简化提升到了一个新高度。如果我们不关注功的转换，飞轮存在的唯一作用就是在活塞不受气缸内蒸汽或压缩空气的作用时助其一臂之力，使其始终保持运动。那么谁还会用飞轮呢？橡皮筋完全可以替代飞轮，在活塞到达一端后将其向相反方向推动。

最糟糕的发动机

这台发动机既不是蒸汽机，也不是前文所介绍的斯特林引擎和将要介绍的内燃机。在各种发动机中，它无疑是最差劲的，除了它的名字有点意思——吸火式斯特林引擎。

工作时，吸火阀门打开，活塞被膨胀的热气推向远离火焰的一侧，通过连杆驱动飞轮旋转，气缸不断吸入热气。当活塞到达远端时，阀门关闭。此时由于火焰被阻隔，气缸内的空气冷却收缩，压力开始降低。

当气缸内的压力小于外部大气压时，活塞被大气压推向火焰。当活塞移动到中间位置时，阀门打开，"吐出"冷却后的气体。当活塞被推至靠近火焰的一端时，吸火式斯特林引擎就完成了一个循环，气缸再次吸入热气并重复此循环。

不难看出，飞轮旋转的动力完全来自气缸内外气体的压力差，而火焰除了给气缸内的气体提供一些热量，大部分热量通过散热浪费掉了。吸火式斯特林引擎是当之无愧的最糟糕的发动机！

好了，我们已经欣赏了各式各样的蒸汽机以及相关的发动机，尤其是在最后还看到了一种最糟糕的发动机。接下来，让我们换换口味，看一类非常成功的发动机——内燃机。内燃机从根本上改变了世界，对我们的文化和我们的认知产生了巨大的影响，它的地位是其他种类的发动机无法比拟的。

▷ 艺术是人类文化的终极表达。看看这个由螺栓、螺母、自行车链条、轴承等稀松平常的零件拼装起来的摩托车模型！我们在美国的很多加油站都可以买到它。这种可爱的艺术作品何尝不是我们对机动车和自由的爱的表达呢？

内燃机

内燃机是 6 代发动机中统治级别的存在。大约在 1910 年以后，几乎所有在公路上行驶的车辆都使用活塞式内燃机[1]。内燃机真正改变了这个世界，改变了人与距离的关系，深深地影响着我们的生活。虽然今天电动机的崛起势如破竹，但毫无疑问，这类发动机和内燃机相比还是难以望其项背的。

内燃机分为二冲程和四冲程两类。四冲程内燃机的曲轴每旋转两周完成一个循环，每个循环会经历进气、压缩、做功和排气 4 个冲程；而二冲程内燃机的曲柄只需转动一周就能完成一个循环，每个循环有两个冲程。汽油机的点火方式是用火花塞点火，柴油机则是依靠压缩时气缸内的高温高压引起混合气体自燃，也叫压燃式点火。所以，内燃机分为 4 类：二冲程汽油机、四冲程汽油机、二冲程柴油机和四冲程柴油机。对于每个类别，使用可燃气体（或液体）的活塞式发动机的基本工作原理几乎都是相同的。

19 世纪 90 年代的机械师也许会对今天电动机控制系统中的微芯片、传感器和污染控制设备等感到迷惑，但内燃机就不一样了，它的基本设计一直保持不变。今天的汽车修理工可以立刻认出 19 世纪 90 年代以来任何一种内燃机的工作部件。一代又一代工程师在不影响基本原理的前提下，对内燃机设计的每一个细节都进行了成百上千次微小改进，让内燃机的功能越来越强大，效率也越来越高。

内燃机的出色性能让它们能够经久不衰地得到广泛应用。它们所用的燃料[2]随处可见，可以在很小的空间内储存大量能量。在不远的将来（也许彼时你正阅读本书），电动汽车将取代燃油车。电动汽车的优势几乎是全方位的：速度更快，驾驶起来更有趣，行驶过程更安静和安全，污染更小，对环境更加友好。但不可否认，我们从出生就习以为常的出行自由是内燃机首先帮我们实现的。

一个强大的想法

顾名思义，内燃机的工作原理是将密闭的气缸内的燃料和空气的混合物点燃，气缸内的气体受热膨胀推动活塞运动，活塞推动曲柄，曲柄将直线运动转化为曲轴和飞轮的圆周运动。从这个意义上说，内燃机的功能与蒸汽机的相同，除了它在内部产生压缩气体，而不是依靠外部输送的高压蒸汽。

内燃机很大的一个优点在于它不仅能捕获燃料燃烧所释放的热量，还能有效利用气体膨胀做的功，而蒸汽机则完全浪费了气体膨胀的潜在能量。

内燃机的型号多种多样，光是我能搬进工作室拍照的就不计其数，更别说那些搬不进门的奇特型号了。

接下来，我们将仔细研究这些漂亮的内燃机，看看它们是如何工作的。

"gas" 与 "gasoline"

单词 "gasoline" 和 "petrol" 都是指汽油，而在美式英语中，"gas" 除了 "气体" 的意思，也可以指汽油。这种用法虽然会引起混淆，却有一定的道理：一些汽油机稍经改动就可以使用诸如丙烷之类的气体作为燃料。

△ 我从工作室中最小和最大的内燃机上分别取下了它们的活塞连杆组件。左边最小的只有食指的一个指节这么大，它是从一个气缸容积只有 0.8 立方厘米的玩具飞机模型上取下的，而右边的这个竖起来比一个小朋友还要高，它是从一个排量为 12.8 升的固定式汽油机上取下的。说实话，这个活塞连杆组件是我唯一能从那台巨大的汽油机上取下来带进门的组件。多亏我的朋友唐纳德的帮助，那个巨无霸的其余部分被分散存放在我的仓库里，每块都重达几吨。

△ 这是我能找到的最小的内燃机，它是一台二冲程内燃机。几乎所有小型汽油机都是二冲程的。

△ 这是一个稍大一点的二冲程飞机发动机模型。

▽ 这台内燃机的个头是最左边的那台的两倍，但更重要的是它是一台四冲程内燃机，这是内燃机的另一种类型。

这是四冲程内燃机上提供动力的两个垂直推杆。

△ 这台稍大一点的二冲程内燃机可以为除草机和其他手持式园艺工具提供动力。

△ 这是一台割草机上的汽油机，锈迹斑斑的它简直糟透了！如果说一般内燃机的运行需要燃料、空气和火花，那么割草机上的汽油机还需额外加上一个条件——它必须是崭新的！

◁如果你觉得汽油驱动的割草机很糟糕（我就是这么想的），那么这台手持式钻机还要糟糕十倍。正常的手持式钻机需要在保持小巧的同时以低速提供大扭矩，而这台机器绝不是那块料！所以，在大容量可充电电池问世之前，人们宁愿拉数百米的电线使用交流电钻，也不愿使用这种奇怪的产品。你可以从厚厚的锈迹看出，我已经很久很久没用过它了。

▽ 最好的小型汽油机是那种主要用来观赏的汽油机。这台老式的间歇点火式汽油机正在驱动一台冰激凌制造机，它是我在附近的一个以阿米什人为主的小镇举办的奶酪节上看到的。

△ 这台叉车正在搬运丙烯酸，这些丙烯酸是我为制造本书中的模型准备的原料。在工业仓库中，许多叉车（包括图中这台）都是由四冲程内燃机驱动的，只不过它们的燃料不是汽油，而是丙烷。和汽油、柴油相比，丙烷燃烧时排放的尾气更少，更加清洁，因此更适合在诸如仓库之类的室内环境中使用。

▽ 这是一台旋转式内燃机，它利用一个可旋转的三角形机构替代常规内燃机的活塞、连杆和曲轴。在 3 个月牙形气缸内，火花塞将燃料点燃，膨胀的气体平稳地推动三角形机构一圈又一圈地旋转。这确实是一个好点子，不过由于燃油效率低，加上产生的废气较多，这种设计逐渐淡出了人们的视野。

▽ 这是马自达汽车上的旺克尔发动机。与丰田的金翼发动机相比，它的体积更加小巧，不过性能更加强大。

△ 我在几年前的一个拍卖会上看上了一辆红色敞篷车，不过由于其售价超过 9000 美元，我最终没有买下它。而在写这本书时，我在另一个拍卖会上偶然发现了它的"平替"——图中的这辆黑色的本田金翼 GL1000 摩托车，并用 350 美元成功拍下。省下来的钱也算让我避免了一次经济危机。这辆经典摩托车配备了容积为 1 升的水平对置四缸发动机，4 个气缸两两对称分布于车身两侧，这意味着这款摩托车特别宽！这也让它成为 20 世纪 80 年代市场上能够买到的最大的旅游摩托车之一。

▷ 这是一台星型发动机，你不要把它和传统的活塞式发动机混淆了。二者十分相似，唯一区别在于星型发动机的若干连杆全部连在中心的一个曲柄臂上，而传统的活塞式发动机的每一个连杆分别连接在一个曲柄臂上。这个特点让径向发动机的尺寸和重量得以减小，它在喷气式发动机出现前曾广泛应用在飞机上。

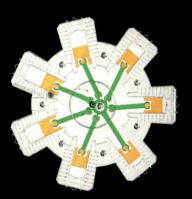

◁ 这是星型发动机内部构造的示意模型，各个活塞通过连杆与中心的曲柄臂相连，形成了一个大蜘蛛般的造型。环形阵列中的各个活塞适时点火，贡献各自的推力，让这只"大蜘蛛"不停地工作。右下方的一根绿色连杆与曲柄臂是固定连接关系，而其他连杆则通过轴承连接曲柄臂。因此，"大蜘蛛"可以始终指向同一个方向，所有的活塞也能够共同发挥作用，从而推动中间的曲柄，而不是单纯地旋转它。

▽ 要了解一台发动机的工作原理，最好的方法就是拆开它。当然，考虑到第一次拆卸后很难再复原，我们最好从一台已经坏了的发动机下手。幸运的是，在一些垃圾场（对不起，有礼貌地说是汽车回收厂），我们几乎不用花钱就能带走一些价值数千美元的精品发动机（坏了的）。下图展示了一台六缸发动机，两列气缸排列成 V 形，这让发动机的结构布局更加紧凑——不长，不宽，也不高。

△ 无论是从尺寸还是从功率的角度看，这台发动机都是摩托车发动机或旋转式发动机的升级版。它来自我从父亲那里继承的讴歌汽车。不幸的是，在我的父亲去世几年后，这辆车也跟着进了坟墓。这是一台二十四阀的经典 V-6 发动机。虽然它看起来一团糟，但我希望在这部分内容结束时，你能够回顾照片，认出这些老朋友，想起它们的故事，而不是只把它们当作奇怪的金属块。我去掉了阀盖，这样你就能看到里面更多可爱的部分。

▽ 我把前一页中讴歌汽车发动机的曲柄臂、连杆和活塞放到展台上，大致摆放成它们在发动机里的样子，然后拍照呈现给大家。我们可以想象一下，曲柄臂从诞生起开始工作，运行了无数个循环，最终躺在了这里。这台发动机的每个气缸大概要经历 5 亿次爆炸，整个发动机要经历 30 亿次爆炸。

△ 十八轮货车是长途运输的主力军。顾名思义，它有 18 个轮子，其中两个轮子在前面支撑着如上图所示的发动机，而其余的 16 个轮子分成两组（每组有两个轴，每个轴连接 4 个轮子），两组车轮一前一后支撑着挂车。这种大型卡车通常使用柴油机，因为它们操作起来更经济可靠，动力十足。

▽ 如果你想扩展一台发动机，那么可以增大气缸容积或增加气缸数量。这两种方法都用在了下图中的这台发动机上。它有 20 个气缸，而常规汽车发动机的气缸数量在 8 个以下。它的气缸总容积（发动机的排量）达到了 105 升，而常规汽车发动机的气缸容积为 2 ~ 5 升。使用如此大的一台发动机能获得什么效果呢？这台发动机用于驱动发电机，为偏远社区供电，或者在电力中断时用来紧急供电。

　　卡车和火车都使用大型发动机，但如果我们想寻找真正的巨型发动机，就要把目光放到大海上。集装箱轮船是地球上最大的可移动物体，它的发动机像三四层的公寓楼那么大！图中这台十四缸的 Wärtsilä–Sulzer RTA96–C 船用发动机有 13.5 米高，26.5 米长。它全功率运转时能产生约 80000 千瓦的功率。

　　这台绿色发动机的气缸直径超过 1 米。在每一个冲程中，气缸从顶部移到底部的距离超过 2.5 米。

　　你能想象吗？一个重达 5.5 吨的超大气缸从地板移到天花板再折返回来，整个过程不超过 1 秒。更何况这样的气缸有 14 个！这还只是气缸的重量。曲柄臂重达 300 吨，整台发动机重约 2300 吨。

　　很明显，这是一台巨型发动机，但真正让我震惊的是燃料的消耗量。一个气缸在一个工作循环中会吸入 155 克船用重油，这足以让一辆汽车行驶 3 千米，而这仅仅是这头巨兽的一个气缸的一个工作循环所需要的燃料。

　　在全负荷工作时，发动机的运转速度为 100 转 / 分，每秒消耗约 3.8 升燃料。也就是说，它 15 秒就用完普通汽车的一箱汽油！这台发动机每天的燃料消耗量约为 300 吨。在正常的巡航速度下，每一升燃料会让集装箱轮船前进约 4 米。虽然这个效率听起来很糟，但考虑到集装箱轮船超大的装载量，这种发动机仍是迄今为止运输大量货物时最好的选择。

四冲程发动机

虽然四冲程发动机在结构上比二冲程发动机更复杂，但由于它运行时每个阶段各自独立，也就更容易理解。因此，我们先从四冲程发动机开始介绍。

为了让发动机持续运转，每个气缸都要经历多个阶段，如吸入燃料和空气、压缩、点燃、膨胀。膨胀后废气会被排出，为下一个循环吸入新鲜空气和燃料腾出空间。

四冲程发动机名字的来源正是进气、压缩、做功和排气这4个不同的阶段。这4个阶段是在活塞运动的一个循环中完成的。在每一个阶段，活塞都从气缸的一端移到另一端（从上到下或者从下到上）。这样一来，在一个完整的四冲程循环中，活塞经历了两次往返运动，曲柄臂旋转两圈。

本小节的图例适用于汽油机和柴油机，二者的唯一区别在于燃料的点燃方式。在汽油机中，火花塞适时点燃燃料；而在柴油机中，处于高温状态的压缩空气将适时喷入的柴油引燃。

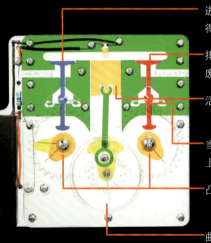

▷ 这是一台单缸四冲程发动机，它的部分机身被切除，所以我们能够看到内部的重要零部件。我将它与我用丙烯酸制作的模型（左侧）放在一起，以实物和模型一一对应的方式向你呈现四冲程发动机的工作原理。实际上，发动机和许多机械装置一样，内部构造复杂且不透明，因此，即便我们无法看见，也要尝试想象、描绘发动机内部的运行场景。

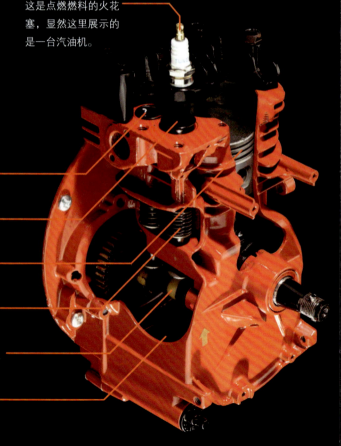

这是点燃燃料的火花塞，显然这里展示的是一台汽油机。

进气阀打开，让新鲜空气和燃料得以进入。

排气阀打开，使燃烧后的燃料和废气得以排出。

活塞在气缸内上下滑动。

当下方的凸轮运动到对应位置时，上方的阀门弹簧将阀门关闭。

凸轮轴上的凸轮将阀门打开或关闭。

曲轴箱负责储存润滑曲轴的润滑油。

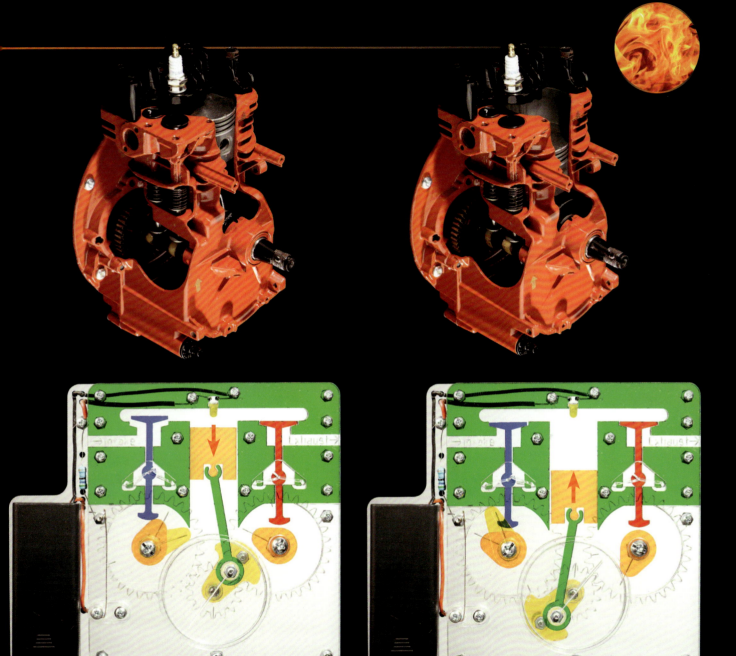

△ **进气冲程**

在此期间，活塞向下运动，进气阀一直保持打开状态，将空气或燃料和空气的混合物吸入。

△ **压缩冲程**

在此期间，进气阀和排气阀都关闭，气缸被封闭。活塞向上运动，导致活塞上方封闭空间内的气体受到压缩，体积急剧减小。

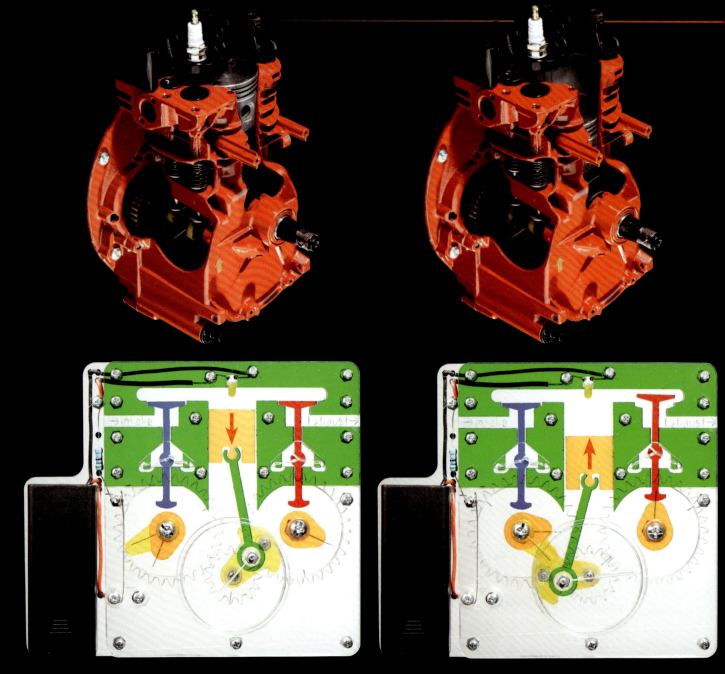

△ 做功冲程

当气缸中的活塞向上运动到极限位置时，其内部的燃料被点燃，气体膨胀并产生大量热量。活塞受膨胀的气体驱动，用力将曲轴向下压。无论发动机驱动什么，该冲程都会提供动力。

△ 排气冲程

当气缸中的活塞再次到达底部时，排气阀打开，燃烧后的废气被排出气缸，进入排气管。

四冲程发动机有 3 种常见的阀门布置方式。我通过模型向你展示相关零件的位置关系。

当然，在真正的发动机中，这些零件都是金属的，布局也要紧凑得多。

▽ 傻瓜模型

这台发动机叫作傻瓜发动机，它的气缸上方除了火花塞以外没有其他任何东西。虽然它的结构简单，但它运行起来很糟糕，因为气缸与阀门之间的距离限制了空气的压缩程度，也降低了气体流动的效率。为了保持良好的性能，一般发动机会让阀门尽可能靠近活塞顶部[1]。

[1] 阀门凸轮与活塞曲柄臂通过正时齿轮啮合传动，以保证阀门在活塞运动到合适位置时能够正确地打开或关闭。——译注

这一段距离让发动机的效率低下。

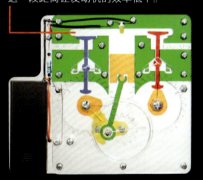

▷ 推杆设计

这种推杆发动机结合了凸轮置顶发动机中阀门的安放位置以及傻瓜发动机正时齿轮的设计，但这样一来，阀门的打开需要前后移动更多的重量，影响发动机的运转速度。相对于其他设计只需阀门移动，此设计还需要摇臂、推杆和升降器共同移动。对于无须高速运转的发动机和大多数载人的汽车发动机而言，这并不是一种糟糕的妥协。相反，这实际上是最好的设计方案。

▷ 双凸轮置顶设计

这台发动机将阀门放在了不影响效率的合适位置——气缸正上方。但这样做的代价是上方的凸轮和驱动它们的曲轴分布于发动机两侧。因此，发动机要设计得更高，同时需要一条齿形皮带（正时皮带）或一个长的齿轮连杆来连接曲轴和凸轮轴。

▷ 正时皮带必须在曲轴和凸轮轴之间保持同步。即使它有一点点打滑，发动机也会出现严重的问题而不得不停下来。在一些设计中，如果皮带断裂，那么活塞到达气缸顶部时会与没有被正常抬起的阀门发生撞击，发动机将当场报废。

绿色推杆将凸轮的推力传递到黄色摇臂上。

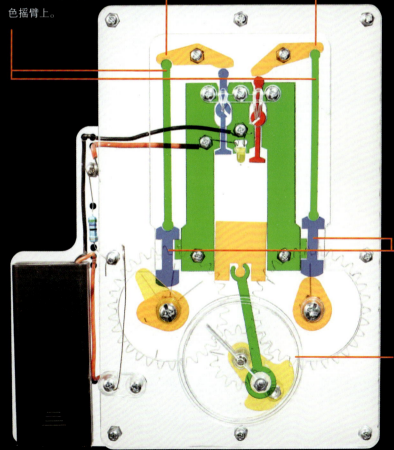

摇臂将凸轮向上的推力转化为对阀门向下的压力。

升降器跟随凸轮上下移动。

正时齿轮在此类发动机中可以设计得小而紧凑。本页展示的只是模型，在实际发动机中，它们的尺寸还要小得多。

猜猜是哪种发动机

　　现在我们已经熟悉了不同类型的发动机。从外部观察一台发动机并试图弄清楚其内部构造是一件很有趣的事情。比如，我们看到了外面的推杆就可以合理推测发动机内部一定有摇臂。机盖打开后，出现的摇臂会证实我们的猜想。

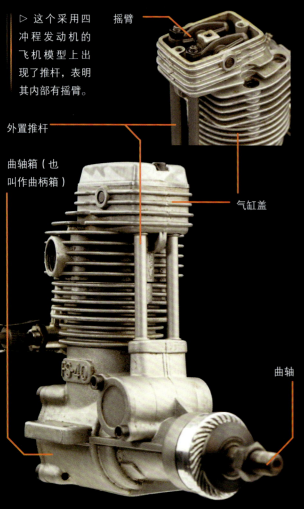

▷ 这个采用四冲程发动机的飞机模型上出现了推杆，表明其内部有摇臂。

摇臂

外置推杆

曲轴箱（也叫作曲柄箱）

气缸盖

曲轴

△ 这些古董发动机的摇臂通常外置。发动机以非常低的转速运转，所以我们可以看到阀门每秒开关几次的慢动作。它们发出的声音有着复杂且多层次的节奏，很好听。

◁ 在密歇根州迪尔伯恩的福特汽车博物馆里（该馆陈列了交通运输业的许多相关展品，其中主要是福特汽车），我盯着这台飞机发动机看了许久。这是一台带有推杆和摇臂的四冲程发动机，但奇怪的是每个气缸有两个阀门弹簧，却只有一个推杆！这怎么说得通呢？驻足良久，我终于弄明白了。原来，每个气缸的确配备了两个推杆，只不过一个推杆是中空的，另一个推杆装在了中空的推杆里，从外表看就像只有一个推杆。这种设计简直迷惑了我的眼睛！

▷ 阀门受凸轮向下作用的力推动而打开，但再次关闭阀门的力则由阀门弹簧提供。在许多发动机设计中，阀门弹簧的强度是限制发动机最大转速的关键因素。我们把弹簧一个接一个地拼起来，可以获得更大的力量和更高的可靠性。一个阀门弹簧损坏会直接影响发动机的工作，进而导致汽车抛锚或者赛车在比赛中失利。如此重要的作用意味着阀门弹簧的价格不菲——我们需要高品质的钢材、高精度的加工技术和高水准的质量检测手段。因此，买一个好的阀门弹簧常常会花费数百美元。（图中这个只是一个便宜的产品）。

进气冲程

　　四冲程发动机的 4 个运行阶段各自对应活塞从上到下或从下到上的一段运动。4 个冲程不断循环，所以它们并没有顺序上的先后。但从逻辑上看，进气冲程最适合放在第一个。进气冲程开始时，排气冲程刚刚结束，气缸处于上止点（"上"表示气缸在顶部，"上止点"表示活塞此时暂停于其运动轨迹的顶部，并将运动方向从向上移动转变为向下移动）。另外，此时连杆和曲柄臂正处于活塞下方的中间位置。

　　进气冲程开始，进气阀打开，气缸开始向下移动，产生的吸力将空气吸入。老式的汽油机会在汽油被吸入气缸前用化油器将汽油与空气混合，而新式汽油机则在进气时用喷油器将汽油直接喷入气缸。喷油器可以精确、独立地控制进入气缸的空气和燃料的多少，进而使汽油机更加强大、高效、清洁。此外，所有柴油机都采用喷油方式，这是柴油机设计的基本环节。

△ 进气阀和排气阀都关闭。

△ 进气阀打开。

△ 活塞向下运动，将空气和燃料吸进气缸。

△ 活塞持续运动，继续吸入空气和燃料。

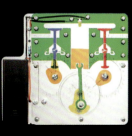

△ 进气阀关闭。

化油器与喷油器

燃料和空气越多，气缸内点火后爆炸的威力就越大，发动机提供的动力也就越大。为了保证燃料的燃烧高效、清洁，我们需要将空气和燃料的体积调配至合适比例。如果它们的配比失衡，比如燃料过多，那么燃料的燃烧就会不完全，我们称之为"富油混合"；相反，如果空气过多而燃料不足，则会产生过多的有毒气体，这被称为"贫油混合"。

在老式汽车中，燃料和空气的混合物受化油器调节。在英语中，"carburetor"的意思是含碳燃料的制造器，也就是我们所说的化油器。这个装置有3个关键部件，首先是右边的圆形阻风门，它可以绕一条直径翻转，从而在燃料混合之前阻挡部分空气进入发动机。其次是中间的小孔，它可以从下方的油池中吸入燃料。最后是化油器左边的节气门，它用来在吸入燃料后调节空气流量。

活塞在远离进气口的过程中会产生吸力，将空气吸入化油器。当左端的节气门完全关闭或几乎关闭时，化油器不会让太多空气进入气缸，发动机就处于怠速运行状态。而当节气门打开后，吸力会开启气冲程。此时，若右端的阻风门关闭，大量空气被阻止进入，那么化油器就会吸入大量燃料和少量空气，这种油多气少的状态正是发动机的启动条件。而若阻风门打开（正常运行位置），得到的混合物则是气多油少。燃油供给装置就是如此设计的：阻风门开得很大，所吸入的混合物中的燃料比空气多，这对预热过的发动机来说再合适不过了。

▷ 这个透明模型展示了化油器的主要部件。

在进气冲程中，空气从这里被吸入发动机。

节气门控制化油器的吸力。当此阀（几乎）关闭时，发动机以怠速状态运行。

空气流经过滤器后从右端的进气口进入。

如果左端的节气门打开，但右边的阻风门接近关闭状态，那么化油器内就会产生很大的吸力，通过针形阀吸入大量燃料。这就是发动机的启动方式。发动机一旦启动，阻风门就一直处于全开状态。

当化油器内有吸力时，针形阀将精确计量的燃油注入空气中。（在真实的化油器中，针形阀外部是一个带螺纹的手柄，可以让我们精确调整燃料的注入量。）

油箱位于化油器底部,它使用一个类似马桶水箱浮阀的装置使油箱内的油量保持恒定。

△ 这是一台旧发动机上的化油器,也叫汽化器,它长得有点像海洋里的藤壶,附着在发动机的侧面。虽然对外行人来说,化油器毫无意义,但它是发动机的心脏,在发动机工作时将汽油与空气按一定的比例混合。从右往左看,我们能看到一个可翻转的圆形叶片。当叶片处于水平位置时,空气可以自由出入;而当叶片翻转至竖直位置时,它会隔绝大部分空气进入。

从这里看,我们可以看到节气门的叶片,它能够阻止空气和燃料的流动。

虽然节气门的叶片也是圆形的,但它没有阻风门上的那种小孔。我们可以用图中的这个螺栓限制节气门完全关闭。这叫怠速调节,可将发动机设置为以最低转速运转。

这个针形阀用来调节进入化油器的燃料的多少。在它的调节下,阻风门和节气门被正常打开,发动机得以正常运转。

当针形阀关闭时,我们能看见里面的针头。

我们可以通过旋转这个手柄来转动针形阀,非常精确地移动针头,从而精确控制燃料的流量。

这个小孔确保阻风门总是允许一定量的空气进入,否则发动机会被灌满汽油而熄火。

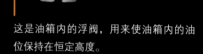

这是油箱内的浮阀,用来使油箱内的油位保持在恒定高度。

在今天的发动机中,喷油装置取代了传统的化油器。该方案中同样有一个节流阀控制进入气缸的空气,但没有阻风门和针形阀,取而代之的是一个安装在小孔里的喷油器,喷油器将燃料直接注入气缸。

▷ 这是一台喷油式发动机的喷油器,计算机根据节流阀的位置和发动机的温度,实时调节输送到各个气缸的燃料的量。

燃料从这些小孔注入气缸。

喷油器内部有一个小螺线管,小螺线管驱动活塞泵将燃料通过小孔注入气缸里。

燃料由与燃油泵相连的软管输送。

计算机发出的电信号决定了喷油器每次喷多少燃料。

供氧

我们知道，发动机能输出的最大功率取决于气缸的容积和数量。但一味地增加气缸或扩大气缸容积，只会让发动机更加庞大和笨重，效果并不理想。举个例子，如果我们要造一辆赛车，这种方法就不可取。

另一种提升发动机功率的办法是往每个气缸中注入更多的燃料和空气。添加燃料很容易，我们可以通过直接调整化油器或喷油器来实现。但是，除非有足够数量的空气参与燃烧，否则单单添加燃料不会带来任何好处。而增加空气困难得多，因为我们需要能加压的空气压缩机。可以采用涡轮增压器或机械增压器，二者都可以将加压后的空气直接泵入气缸。（它们的区别在于涡轮增压器由在废气流中旋转的涡轮驱动，而机械增压器则由连接到曲轴上的皮带驱动。）

▷ 空气中只有大约 21%（体积分数）的氧气，剩下的几乎都是氮气。氮气不会燃烧，它只会降低燃料在燃烧时的温度，从而削弱发动机的动力输出，这就碍事了。如果我们能用更多的氧气替换空气中的氮气，就可以大大提高发动机的功率，但纯氧和燃料的混合物是一种威力巨大的易燃易爆品。为了避免发生危险，我们可以直接将氧气添加到燃料分子中，这是一种更方便、安全的办法。

▽ 这是一个机械增压器（也就是说它由曲轴驱动），它来自一辆 1935 年生产的奥伯恩艇尾极速者。你可以从闪亮的镀铬排气管看出这辆跑车的豪华程度。和今天的跑车一样，这辆跑车的一切都是为了展现酷炫奢华的外观和风驰电掣般的速度。

△ 如果我们要给大功率发动机和参加拉力赛的赛车额外增加氧气，一种常用方法是将甲醇 (CH_3OH) 和 10%~90%（质量分数）的硝基甲烷 (CH_3NO_2) 混合。硝基甲烷中的硝基也存在于硝化纤维和烈性炸药硝酸甘油中，这也是硝基燃料常作炸药的原因。硝基 ($-NO_2$) 有两个作用：它提供了内置的氧元素，以保证燃料在空气不足时可以自燃；同时，其中的氮元素在燃烧时会产生更多的氮气，从而提高气缸内的压力。

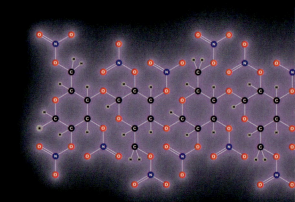

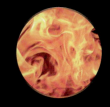

▽ 甲醇

▽ 硝基甲烷

▽ 硝酸甘油

▽ 硝化纤维聚合物

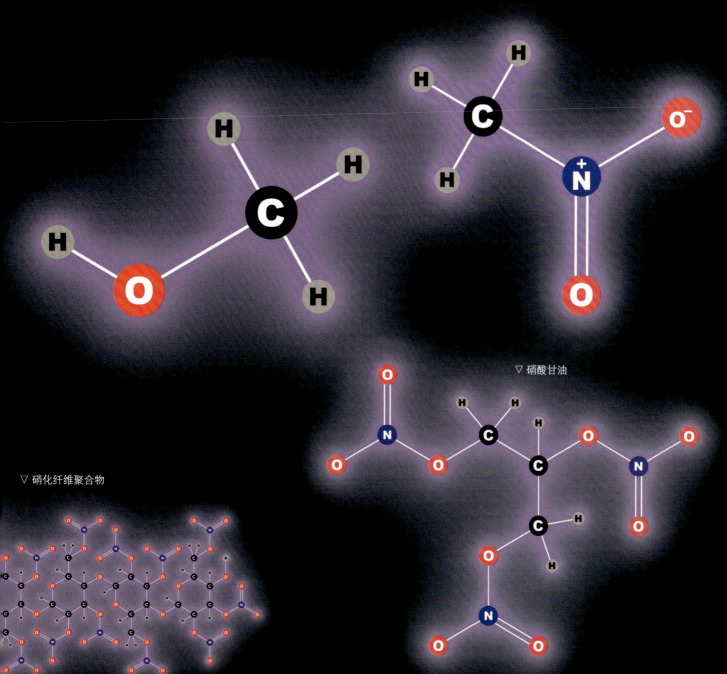

压缩冲程

压缩冲程在进气冲程结束后开始。在压缩冲程中，进气阀和排气阀都关闭，气缸处于封闭状态。活塞从进气冲程中最后到达的下止点开始向上运动，气缸内的空气受到压缩，体积减小，为燃料点燃、气体膨胀做功做准备。

在整个压缩冲程中，密闭气缸压缩前后的容积比叫作发动机的压缩比，压缩比代表了燃料和空气的混合物被压缩的程度。压缩过程会使发动机的动力增大，燃烧效率得以提升。

在这一阶段，曲轴需要很大的驱动力，即使在一些小型发动机模型的压缩冲程中，徒手转动曲轴也很难实现。真实发动机则会依靠机械装置的协助，或者采用一些让气缸卸载、暂时减小压缩量的手段。

那么，我们为什么要用手转动曲柄呢？原来，这是一个启动步骤。我们为发动机注入燃料和空气并进行压缩，之后便会开启第一个做功冲程，而正是做功冲程让发动机产生了动力。早年汽车常常由驾驶员以手动方式启动，而今天一些小巧的电子启动器能够很好地完成这项任务。启动器并不是指某一个特定的零部件，而是一个执行发动机启动程序的系统。一些大型发动机会采用各种各样的方法自启动，其中包括船用大型柴油机、大型固定式发动机和火车发动机。有些使用压缩空气罐储存上一次运行时的压力以完成自启动，有些使用功率为几百千瓦的汽油机作为启动器（而这台汽油机又由另外的电动机驱动）。

△ 这辆汽车前面有一个曲柄，标志着它来自一个以手动方式启动汽车的时代。那个时候的启动装置是人，而不是电动机。

▽ 在整个压缩冲程中，进气阀和排气阀始终关闭。

▽ 活塞向上运动，密闭空间减小，燃料与空气的混合物受到压缩。

 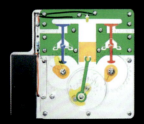 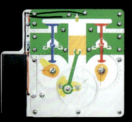  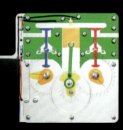

▷ 这是一个汽车发动机启动器，它是一台小型的 12 伏特直流电动机。这台电动机从外形上看十分强大（扭矩大），需要电池提供很大的电流。在一辆普通汽车中，启动电流可达 200 安培或更大。这就是为什么汽车电池被优化成能够短时间提供很大的电流，而不是像深循环电池那样长时间提供大量能量。

▷ 推动活塞完成压缩冲程需要很多能量。那么，这些能量从哪里来呢？在这台大型单缸发动机中，两个巨大的重型飞轮依靠自身惯性承担了这项任务。大飞轮的启动需要消耗不少启动能量，而它启动后也需要很多能量来保持平稳运转，甚至用来减速。由于活塞要经过一个慢速四冲程的完整周期才能提供一次动力，因此飞轮必须储存足够的能量，以完成下一个压缩冲程，同时也要依靠惯性持续供能，为与发动机连接的所有零部件提供动力。这也就是图上的飞轮重达数吨、体形如此巨大的原因。

在高转速的多缸发动机中，各个气缸可以相互帮助，依次推动其他气缸完成压缩冲程。所以，它们的飞轮不必像单缸发动机的那样大，但它们仍能帮助发动机消除不均匀的电力供应。

这是飞轮。

为什么有些汽油更贵

高压缩比发动机存在一个问题：燃料与空气的混合物在被压缩时容易过早点燃，燃烧产生的冲击力的方向与活塞的运动方向相反，引起发动机震动。这种现象称为爆震。爆震发生的主要原因是受到压缩的空气在气缸内运动至上止点之前，温度就升高至足以点燃燃料与空气的混合物。爆震在活塞上升时将它向下推，也就是把发动机原本的循环往回倒推，这是十分有害的现象。

解决爆震的方法是使用一种在压缩升温时能够耐燃的燃料。由于历史原因，这种耐燃性用辛烷的含量来评定。高辛烷值的燃料可以在高压缩比的发动机中正常工作，不会出现爆震。这就是为什么老式低

效的汽车会使用低辛烷值的廉价燃料，而那些现代节能汽车使用高辛烷值的优质燃料。

"辛烷值"一词来自一种特殊的碳氢化合物——辛烷，更具体地说是异辛烷分子。"octane"（辛烷）的词根"oct"代表一个辛烷分子有8个碳原子，就像章鱼（octopus）有8个爪子一样。与汽油中更常见的庚烷分子（7个碳原子）、己烷分子（6个碳原子）和戊烷分子（5个碳原子）相比，辛烷在受到压缩时具有更好的耐燃性。另外，高辛烷值的燃料也许含有异辛烷分子，但它所具有的优良的耐燃、耐爆震性多源于其他具有相同效果且更便宜的物质。

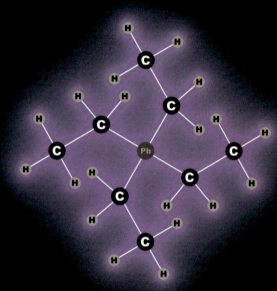

◁ 加油站油箱口标注的辛烷值代表燃料受到压缩时耐自燃的能力。如果你的汽车发动机没有足够高的压缩比，那么加注高辛烷值的汽油并不会得到更大的动力，而只会让你花更多的钱。

▽ 异辛烷是含8个碳原子的支链烃。

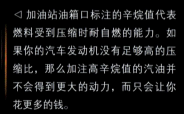

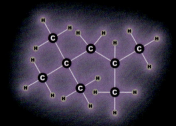

△ 在用来提高燃料辛烷值的物质中，最臭名昭著的就是四乙基铅。本身就具有毒性的四乙基铅一旦在发动机中燃烧就会汽化，汽化的铅不但会附着在发动机的内壁上，还会向外界扩散。几十年来，一代又一代使用四乙基铅的汽车在世界各地散布铅尘。铅是一种可慢性累积的神经毒素，它在人体内积聚，随着时间的推移，最终导致大脑受损。然而，我们一直没有明确铅含量的安全下限。幸运的是，在近些年的明令禁止下，世界各地除了极少数越野车仍在使用含四乙基铅的燃料外，已经基本见不到这类燃料的身影了。

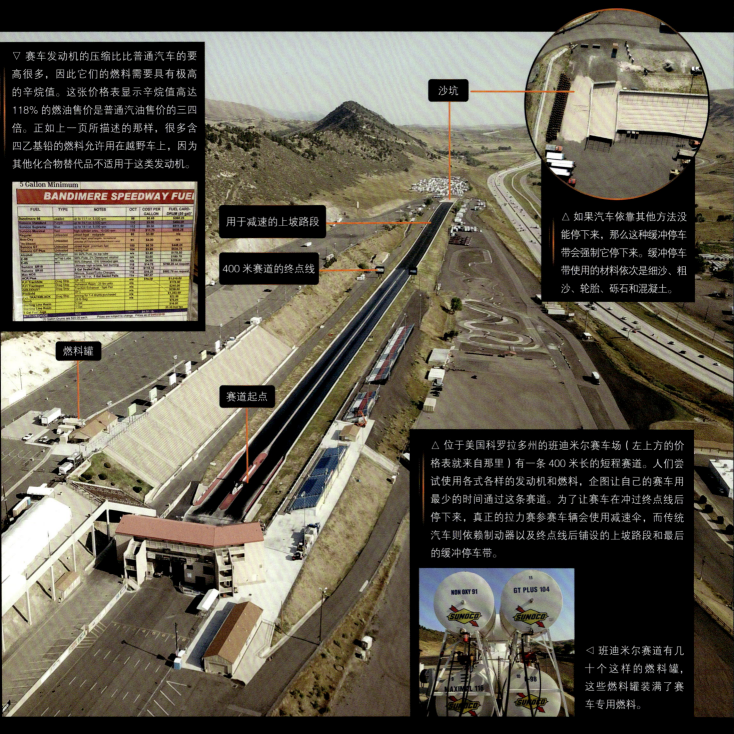

▽ 赛车发动机的压缩比比普通汽车的要高很多，因此它们的燃料需要具有极高的辛烷值。这张价格表显示辛烷值高达118%的燃油售价是普通汽油售价的三四倍。正如上一页所描述的那样，很多含四乙基铅的燃料允许用在越野车上，因为其他化合物替代品不适用于这类发动机。

BANDIMERE SPEEDWAY FUEL

沙坑

△ 如果汽车依靠其他方法没能停下来，那么这种缓冲停车带会强制它停下来。缓冲停车带使用的材料依次是细沙、粗沙、轮胎、砾石和混凝土。

用于减速的上坡路段

400 米赛道的终点线

燃料罐

赛道起点

△ 位于美国科罗拉多州的班迪米尔赛车场（左上方的价格表就来自那里）有一条 400 米长的短程赛道。人们尝试使用各式各样的发动机和燃料，企图让自己的赛车用最少的时间通过这条赛道。为了让赛车在冲过终点线后停下来，真正的拉力赛参赛车辆会使用减速伞，而传统汽车则依赖制动器以及终点线后铺设的上坡路段和最后的缓冲停车带。

◁ 班迪米尔赛道有几十个这样的燃料罐，这些燃料罐装满了赛车专用燃料。

做功冲程

终于到了期待已久的做功冲程（也叫燃烧冲程或膨胀冲程）！正是这个点石成金般的冲程将化学能转化为机械能。在做功冲程中，燃料与空气的混合物被点燃后产生大量气体，气体膨胀产生的巨大压力将位于上止点的活塞向下推并带动连杆和曲柄臂一同向下运动。曲柄臂带动曲轴旋转，而曲轴通过齿轮啮合带动变速器转动，最终由差速器驱动车轮（或其他与发动机相连的部件）成功旋转。

做功冲程是发动机工作中最重要且最复杂的一个阶段，因为它既与机械有关，又涉及化学和流体动力学。燃料与空气的混合物一边燃烧一边在一个容积不断变化的腔室中旋转，这就涉及气体动力学和反应动力学，没有比这更复杂的了。

早期，人们对于发动机的要求不高，只要它能够正常燃烧、让汽

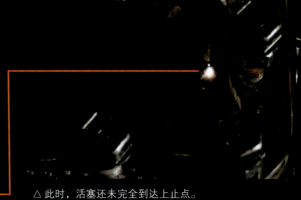

▷ 在高速相机拍摄的照片中，我们能清楚地看到在气缸内，火焰正从火花塞那里向周围蔓延。

火花将燃料和空气的混合物引爆。

△ 此时，活塞还未完全到达上止点。

车开得走就行。但随着科技的发展，人们开始更仔细地观察发动机气缸中到底发生了什么。成千上万的人将他们的职业生涯奉献给了提高做功冲程的效率，如果燃烧效率能够提高 1%~2%，石油价格和城市空气质量都会受到巨大影响。

"爆炸"是一种复杂的多阶段化学反应，需要在精确的时刻和合适的温度下发生。若反应的速度太快，发动机就会受到过高压力的影响；而若反应太慢，当排气阀打开

时，就会有一些燃料没有燃烧。若反应环境太冷，燃料就会发生不完全燃烧；若反应环境太热，空气中的氮气就会分解成一些对反应不利的分子。人们尝试了无数种燃料成分、火花塞形状、气缸形状、阀门形状以及燃烧时机，用高端计算机进行了无数次仿真计算，只为找到最优的参数搭配。到今天，发动机的效率在理论上已经接近完美，除非汽车内燃机被电动机取代，否则效率不太可能有更大的提升了。

▽ 进气阀和排气阀在做功冲程中始终关闭。

▽ 活塞向下运动，将动力传递给曲轴。

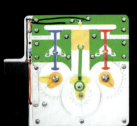   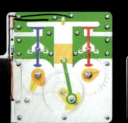 

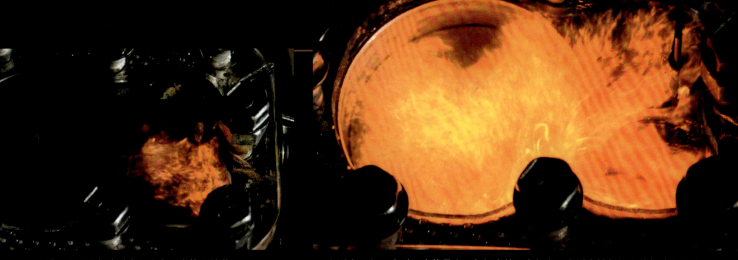

△ 不到一秒，活塞就到达上止点，火势开始蔓延。

△ 当活塞下行一半时，火势最大，气缸内的压力很大。当活塞被气缸内的气体推至底部时，火焰就会熄灭。排气阀打开后，气缸内剩余的压力将所有残留物一并排出。

◁ 阀门的使用寿命很长，它的头部偏大，以匹配气缸的通气口。阀门离气缸内发生爆炸的位置很近，会吸收大量热量，这些热量由循环的冷却水传导到主发动机缸体中。为了解决一些发动机阀门温度过高的问题（比如第二次世界大战期间著名的劳斯莱斯公司生产的默林航空发动机），设计师不得不在阀门杆中装填金属钠。当发动机运转时，金属钠会受热熔化，变成一种性能良好的导热体。阀门杆内并不会填满金属钠，而是会留下一部分空间，这样钠熔化后就可以来回晃动导热（有点类似我们洗瓶子时使劲摇晃瓶内的水）。

点燃火焰

汽油机用火花塞将燃料和空气的混合物点燃。气缸中的火花塞好似处在炼狱中，它的周围有燃烧着的腐蚀性气体，每秒要经历几十次甚至上百次强烈爆炸。不仅如此，它还要负责产生约 60000 摄氏度[1]的火花。

目前最好的火花塞由铂制电极或铱制电极组成，其寿命可供汽车行驶 80000 千米甚至更多的里程。与发动机的其他部件一样，火花塞的高可靠性是人们几十年来对陶瓷、冶金、燃烧化学等学科进行研究和优化的结果。火花塞在报废前会经历约 1 亿次爆炸。

在老式发动机中，火花塞的点火时刻由燃油分配器和一个与凸轮轴同步旋转的装置决定。另外，有一个电刷臂，凸轮轴每转一圈（也就是曲轴旋转两圈），电刷臂就旋转一圈。每个气缸在燃油分配器外有

[1] 原著有误，应该是多了两个零。火花塞产生的火花的正常温度是 600 摄氏度左右。——译注

一组触点，依次给每个火花塞提供能量。

你可能会认为，火花塞在活塞运动到上止点的那一刻点火是最完美的，因为这样一来，当活塞开始向下运动时，爆炸产生的压力能正确地推动活塞。事实上，虽然爆炸发生得很快，但它在点燃后还需要一些时间才能开始。所以，最完美的点火时刻是活塞到达上止点之前。提前多久呢？这取决于火焰蔓延的速度和活塞运动的速度。同样，当发动机快速运转时，你希望火花更早熄灭，因为受到爆炸冲击的活塞会比慢速运行时向下移动得更远。人们发明了巧妙的熄火机制，可以根据发动机转速，适当将火花熄灭的时间提前。当然，在现代发动机中，这类机制由包含计算机在内的控制系统完成，它综合考虑了发动机的转速、燃料和空气的混合物的状态、发动机的温度、吸入的空气的温度等各种因素，可谓面面俱到。

燃油分配器的盖子被设计在高处，这是为了让带高压电的部分远离燃油分配器的下半部分。

电触点通过导线与每个气缸中的火花塞连接。

▷ 老式的燃油分配器有两个主要功能：一是当气缸需要火花时，负责打开或关闭电触点；二是将火花送到对应的气缸中。这两个功能分别由燃油分配器的下半部分和上半部分实现。

燃油分配器盖子中心的触点与电刷臂的中心触点接触，传导火花塞产生的火花的热量。

这是电刷臂。凸轮轴每旋转一圈，它也随之旋转一圈。

当电刷臂末端与燃油分配器盖子上的各个触点擦肩而过时，携带足够高电压的火花可以越过二者间的微小间隙实现接触（就像它在火花塞中也能凭高电压越过间隙一样）。

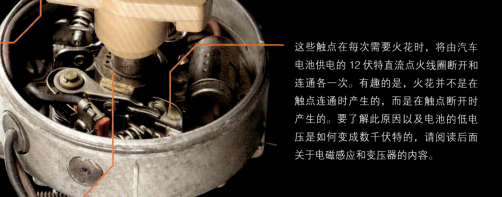

这些触点在每次需要火花时，将由汽车电池供电的 12 伏特直流点火线圈断开和连通各一次。有趣的是，火花并不是在触点连通时产生的，而是在触点断开时产生的。要了解此原因以及电池的低电压是如何变成数千伏特的，请阅读后面关于电磁感应和变压器的内容。

这个凸轮与电刷臂一同旋转。凸轮每旋转一周，其八角形轮廓就将电触点交替推动和释放 8 次，以建立和断开连接。

这里的一些装置可以根据轴的转速和进气歧管中的真空度（用于衡量发动机的工作状态）来提前计时。

不要撞断鼻子

你知道手动操作和自动操作吗？有些人喜欢事无巨细地侍弄他们的爱车，甚至要搞清楚齿轮每时每刻的具体位置，而控制欲没有那么强的人则不会在意这些细枝末节。不过，这不仅仅与齿轮有关。今天，每辆汽车都装上了全自动的阻风门。我还记得在20世纪70年代乘坐父母的捷豹跑车时的情景，这辆车的阻风门是手动的。阻风门负责控制进入发动机的气流，司机需要将阻风门拉出来才能启动汽车。比我年纪大的人可能还记得这种控制系统——手控点火提前装置。该系统允许我们在发动机运行时对燃烧时间进行微调。这近乎神经质的细节管理对于老式车来说就好比用直升机的标准来制造汽车。不过，如果发动机没有一套能在各种条件下高效运转的自动控制机制，那么这些细节管理还是有用的，甚至是必要的。

右图中这辆精美的阿博特－底特律老爷车生产于1912年，它的方向盘中心有两个十分相似的控制杆（在当年很常见，今天几乎没有了），一个负责控制火花产生的时间，另一个则控制油门。如果我们要发动汽车，则必须拉动油门杆给发动机补充足够的燃料和空气。当活塞在安全状态下越过上止点时，我们希望火花比正常情况下熄灭得晚。

在电子启动器问世之前，我们必须从前方用曲柄发动汽车发动机。我们要转动曲柄，带动曲轴旋转，从而推动一个又一个气缸进入各自的压缩冲程，直到其中一个气缸成功点火，发动机开始自转。由于压缩冲程存在阻力，这种启动方式的操作难度不小。因此，我们要牢牢握住曲柄，使出全身力气将它转动。如果发动机顺利启动，曲柄在单向棘轮的作用下不会随发动机继续转动。但是，同样的棘轮在发

△ 过去的方向盘用来进行最基本的操控，并没有如今的巡航控制、蓝牙连接等五花八门的按钮。

点火提前调整杆

油门杆

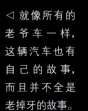

◁ 就像所有的老爷车一样，这辆汽车也有自己的故事，而且并不全是老掉牙的故事。

△ 这个启动曲柄来自一辆没有电子启动器的汽车。这种东西很危险！

无需火花也能点火

动机试图反向旋转时不会松开曲柄。在这种情况下，曲柄将迅速而有力地朝相反方向旋转。

本节的标题来自老家的长辈艾伦给我讲的一个故事。在艾伦年轻时，有一次他和朋友史蒂夫准备一起启动一辆老爷车，史蒂夫转动曲柄，但本该拉动油门杆的艾伦不小心拉动了点火提前调整杆。这让一个气缸过早点火，致使发动机提前反转。突如其来的反向力通过曲柄将史蒂夫猛地拉向发动机盖，他重重地撞断了鼻子。朋友们，这就是我们不能把油门杆和点火提前调整杆混淆的原因。

听罢这个故事，我惊奇地发现艾伦故事里的史蒂夫正是我上大学时的化学系主任（我35年前就从大学毕业了），而且史蒂夫老师的化学课是我在大学里上的第一门化学课！也正是受到他在课上讲的知识的启发，我在几十年后出版了一本关于化学元素的书[1]。如此奇妙的缘分让我决定在这本书中一定要讲这段他撞断鼻子的故事。在艾伦告诉我这个故事之前，我们一点也不知道我和史蒂夫之间的关系。如此看来，我当年住的小镇真小啊！

[1]《视觉之旅：神奇的化学元素（彩色典藏版）》，由人民邮电出版社出版。——译注

我们已经知道，在压缩冲程中，空气受压缩产生的热量可能会提前引燃燃料，引发爆震现象。然而，柴油机不会出现这种问题，因为它只有在燃烧开始时（类似汽油机的活塞在压缩冲程中到达上止点的时刻）才将燃料注入气缸。在那一刻，被压缩的空气的温度特别高，所以燃料进入气缸后会立刻自燃。换句话说，柴油机的燃料注入方式与汽油机相同，但燃料不是用火花塞点燃，而是靠高压自燃。

柴油机存在的麻烦是：当燃料注入时，气缸内的空气已经被压缩至压力最大状态，此时正是整个循环最为困难的时刻。为了承受这种高压，柴油机的喷油器中有一个由大块实心钢制成的高压泵，高压泵由强有力的凸轮驱动，而性能强大的弹簧负责在燃料注入完毕后快速关闭进油口。这些针对高压的特殊设计十分重要，因为注入的燃料在燃烧时产生的压力会变得更大。

由于汽油机的喷油器在气缸内的压力很小甚至没有压力时注入燃料，因此它的体形小巧，更像塑料制品。与柴油机的喷油器相比，它就像一支小水枪。

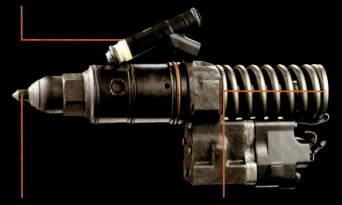

这是喷嘴。

这个凸轮和那些打开进气阀和排气阀、顶着弹簧杆的其他凸轮一样，它在喷油器内部驱动一个活塞向前运动，将燃料从另一端的喷嘴里挤出来。

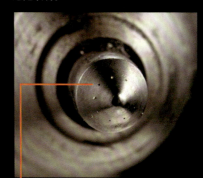

柴油通过喷头上的一圈小孔注入气缸。

△ 这是一个奇特的喷油器，它有一个与低压前置泵相连的螺线管。该泵根据计算机发出的电信号，将一定量的燃料注入主高压泵的气缸内。在计算机等电子设备出现之前，人们使用的是全机械式测量计。

柴油机喷油器和火花塞相比，虽然二者都经过了数不清的研究、改进，但前者就粗糙得多。从高纯度的精炼煤油到炼油过程中产生的废料，几乎任何燃料都可以为柴油机所用。柴油机没有火花塞，不存在触点因杂质残留而变脏的问题。柴油机也不需要点火线圈、配电器等电子元器件，只要活塞与气缸内壁紧密贴合，允许压力在压缩冲程中积聚即可，注入过热空气中的燃料几乎不可能不会自燃。整个柴油机仅仅用钢铁就能制成。

唯一影响柴油机运行的因素是温度。当气缸内的温度特别低时，燃料无法自燃。针对这种情况有两种常见的解决方案：一种是使用更轻便易燃的特殊混合燃料，另一种则是使用电加热器提高气缸的温度。在极端环境下，比如你正身处狼群遍布的西伯利亚荒野，在发动机下方生一堆篝火也能达到加热效果。当然，这种外部加热的方式只适用于整体由钢铁制成的柴油机。如果你尝试对汽油机做同样的事情，可能会导致燃油分配器被熔化或火花塞插接线受损。

▷ 船用燃油也被称为船用柴油或 6 号燃料油，是炼油过程中质量较轻、沸点较低、更有价值的原油馏分煮沸蒸发后剩下的残余部分。船用燃油的优点是十分便宜，因为它是炼油过程中产生的废料；它的缺点是燃烧较慢，自身比较厚重黏稠，所以它只能用在那些有大型气缸且活塞运动缓慢的发动机上，发动机油箱必须提前预热，只有将船用燃油化为足量液体后才能将其泵入发动机。另外，由于自身含有杂质，船用燃油的燃烧也会产生污染。

▷ 内燃机最关键的部件之一是位于活塞和气缸之间的滑动密封件，此类配件用来填充活塞和气缸之间的缝隙，以防止具有腐蚀性的高压燃气从气缸内部泄漏到曲轴箱中，从而腐蚀和损坏发动机。当今常用的密封件是活塞环，它由韧性好的钢制成，可以安装在活塞的凹槽中。这些活塞环的弹性张力将它们紧紧地卡在活塞内部，即使内燃机升温，各个部件膨胀，它们也能保持良好的密封性。如果润滑系统出了故障，比如油泵坏了或者燃油不足，这些活塞环就会在缺少润滑的情况下与气缸内壁发生摩擦，内燃机会在几秒内损坏，甚至报废。

这个大活塞有 4 个独立的活塞环，以防发生泄漏。

后 3 个活塞环与气缸内壁之间的缝隙略微小一些，为几十微米。它们是根据气缸工作时的温度计算出来的。

火活塞

柴油机的压缩加热原理其实是一种相当古老的点火方式。大约在 2500 年前，东南亚就出现了用竹子或骨头制成的火活塞以及相应的生火方式。人们首先在活塞底部放一点易燃的棉花或树叶作为引子，然后以最快的速度用力下压活塞，压缩空气产生的热量将引子点燃。紧接着，人们用一堆树叶或干草将火势接续并扩大，最后再向火堆里放入能燃烧很久的木头稳住火势。

柴油机也称为狄塞尔发动机，这是为了纪念它的发明者狄塞尔（又译狄塞耳）。据历史资料，狄塞尔受到活塞的启发，在 19 世纪 90 年代发明了柴油发动机。你可能会产生疑惑，为什么火活塞和柴油机最早出现的时间隔了 2000 多年？这是因为在早年人们没有足够精密的机械加工技术来制造完美的、密封性良好的气缸和活塞，也就无法制出能够持续工作的内燃机。内燃机设计的难点不在于设计理念，而在于制造技术。在 19 世纪之前，人们无法获取高性能金属来精确制造能够正常工作的内燃机。

右图十分清晰地展示了火活塞内部的点火景象。露营用的黄铜火活塞比丁烷打火机更可靠，比钻木取火更方便。

这是飞机模型上的发动机活塞，它与下面的这个大活塞的体形形成了鲜明对比。

每个活塞环的尺寸都经过了精心设计，这样在正常的工作温度下，活塞环能精确地填满缝隙。如果过厚，活塞环就会卡在气缸内壁上；如果太薄，活塞环和气缸内壁之间的缝隙就会让燃气通过而损坏发动机。由于处于顶部的活塞环离热源最近，受热最严重，在发动机运行时膨胀幅度最大，因此在设计时这个活塞环与气缸内壁之间的缝隙要留得大一点。

△ 这是一个带活塞的"活塞环"。怎么样？这种取名方式是不是有些简单粗暴？好了，做好准备，我们要介绍最后的排气冲程了。

排气冲程

在经历了暴烈的做功冲程后，气缸到了该放松、换气的时间，它要为下一个进气冲程所需的新鲜空气和燃料腾出空间。当活塞在排气冲程中向上运动时，排气阀打开，气缸内的气体被推入排气歧管，带消声器的排气歧管将废气排出，这样整个过程的噪声就不会太大。

虽然排气冲程的亮点不多，但废气里所含的物质值得我们关注，因为这些废气会排放到空气中，与我们和自然环境的健康息息相关。废气是由各种复杂的化学物质组成的混合物，其中有些像水一样完全无害，有些所造成的危害只有在排放时才会引起人们的关注，还有一些则有剧毒，对环境和人体都有着极大的危害。

在排气冲程中，活塞从下向上运动到上止点时，就回到了下一个进气冲程的开始。一般行驶在高速公路上的汽车发动机的转速约为3000 转 / 分，也就是说发动机完成一个完整的四冲程循环只需要 1/25秒，每个冲程只需要 1/100 秒，速度非常快！

苯是汽油中含有的一种致癌物质。

1. 碳氢化合物

这些分子构型为直链、分支或环形的碳氢化合物是理想的燃料。

空气中大约含有 21%（体积分数，下同）的氧气 (O_2) 和 78% 的氮气 (N_2)，氧气会参与燃料的燃烧，而稳定的氮气则不参与反应。

2. 乙醇

部分燃料还含有乙醇，乙醇含有氧、碳和氢三种元素，也是不错的燃料。

3. 硫化物

这是燃料（尤其是柴油）中常见的有害成分，燃烧后会产生二氧化硫（SO_2），这是很糟糕的。

▷ 在理想情况下，燃料应只含有碳氢化合物（由碳和氢两种元素构成），燃烧后产生的废气中只含有二氧化碳（CO_2）和水蒸气。遗憾的是，现实并非如此，所有燃料或多或少都含有杂质，尤其是硫元素，而且燃料的燃烧大多不充分，因此

4. 一氧化碳

当气缸中没有足量氧气与燃料发生反应时，一氧化碳便会大量产生。一氧化碳会与人和动物体内的红细胞结合，阻止红细胞运输氧气，对身体造成非常严重的损害。如果你被困在一个封闭的房间内，房间里有一台正在运转的汽油机，那么首先杀死你的是一氧化碳。

7. 氮氧化合物

燃料在高温下燃烧会产生大量氮氧化合物。过去弥漫在洛杉矶等城市上空的烟雾正是氮氧化合物与阳光相互作用产生的，后来在更严格的法律要求下，汽车制造商重新设计了带污染控制装置的发动机，这才解决了氮氧化合物的问题。

▷ 这是催化转化器。

5. 硫的氧化物

燃料中的硫经燃烧会转化为二氧化硫和三氧化二硫（S_2O_3）。这些物质排放到空气中会与水结合形成硫酸，进而严重影响生态环境并对人体造成呼吸问题。如果你没有哮喘，并且想体会硫酸造成的呼吸问题是什么感觉，可以试着在燃烧的硫黄周围呼吸（最好不要这么做）。

6. 二氧化碳和水蒸气

二氧化碳和水蒸气是燃烧产生的主要废气。在适量的情况下，二者不会造成不好的影响。

汽车尾气中未燃烧的燃料是空气污染物的主要来源。

催化转化器是现代汽车中最重要的污染控制装置。通常，这种装置的陶瓷网格中嵌有含铂、铑或钯元素的微小颗粒，这些颗粒能够让燃料在燃烧时与氧气完全结合，燃烧得更充分，有效减少废气中未燃烧的碳氢化合物。催化转化器还可以向一氧化碳分子中添加一个额外的氧原子，将其转化为危害小得多的二氧化碳，还可以将一氧化氮和一氧化二氮分子中的氧原子剥离，将其转化为完全无害的氮气和氧气。世界上很多大城市车水马龙，却有着较为清新的空气，这在很大程度上要归功于要求汽车安装催化转化器的法律条款。

二氧化碳

有很长一段时间，人们认为只要汽车最终能够排出二氧化碳或水蒸气就成功了。大家都觉得二氧化碳是无害的。的确，我们喝汽水时打嗝排出的气体就是二氧化碳，它对人体没有直接伤害。然而，直到 20 世纪七八十年代，人们才逐渐意识到各个领域排放的大量二氧化碳可能会影响全球气候，这也是内燃机正逐渐被取代的众多原因之一。

▽ 进气阀和排气阀都处于关闭状态。

▽ 排气阀打开。

▽ 活塞向上运动，将废气挤出气缸。

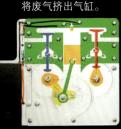

▽ 排气结束后，排气阀关闭。

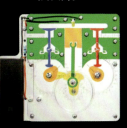

二冲程发动机

世界上的绝大多数发动机（包括几乎所有汽车发动机）是四冲程发动机，但还有一种类型。二冲程发动机比四冲程发动机少了很多零部件，其结构更加简单，不需要正时齿轮、正时皮带、凸轮轴和复杂的阀门。由于这类发动机只有两个冲程，所以活塞每次到达上止点时，火花塞都会点燃燃料（对于四冲程发动机，活塞每到达上止点两次，火花塞才工作一次），因此从理论上说，如果气缸尺寸相同，二冲程发动机的输出功率是四冲程发动机的两倍。

不幸的是，冲程减少的代价是巨大的：燃油效率降低，排出的大量烟尘和未燃烧的燃料会造成更大的污染。二冲程发动机在手推式割草机和树篱修剪机等小功率设备上很常见，但现代汽车甚至质量好一点的割草机都不会使用它。根据有关研究可知，二冲程式的吹叶机工作半小时所排放的碳氢化合物与一辆福特猛禽F-150皮卡行驶6300千米（相当于从得克萨斯到阿拉斯加的距离）的碳氢化合物排放量大致相同。

尽管二冲程发动机的机械结构十分简单，但它的工作原理实际上更难以理解。为了帮助你更好地理解二冲程发动机的工作原理，我用丙烯酸制作了一个模型，以便呈现其最基本的工作过程。简易的二冲程发动机直接将活塞底部作为泵，这种设计十分奇特。燃料、空气和废气的混合物不仅存在于气缸内部，还会流经曲轴箱。另外，凸轮、正时齿轮等零件一概没有，而阀门也只是气缸壁两侧上的孔（进气口和排气口）。当活塞上下运动时，这些孔被活塞本身堵住或露出，代表阀门关闭或打开。

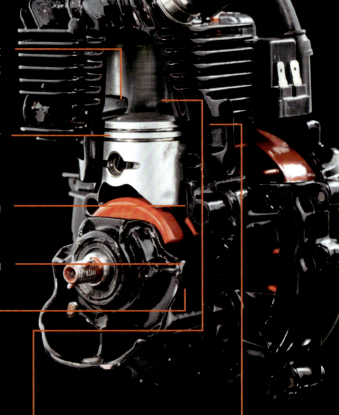

火花塞负责点燃燃料。

这是排气口，燃烧过的燃料和废气从这里排出。

活塞在气缸中上下运动。

这是曲柄臂，它是曲轴的一部分。

连杆将力传递给曲柄臂。

曲轴箱的功能相当于预压缩室。

传输端口将压缩后的燃料和空气的混合物从曲轴箱输送至气缸。

这是进气口，新鲜空气和燃料从这里进入曲轴箱（而不是进入气缸）。

△ ▷ 这是一台真正的单缸二冲程发动机，部分机身被拆除，以展示内部的工作部件。我们再次采用对比法，将真正的二冲程发动机和丙烯酸模型放在一起，以便理解二冲程发动机的工作过程。

△ ▽ 我们从最激动人心的点火时刻开始，此时在气缸的狭小空间里，火花塞刚刚点燃压缩后的燃料和空气的混合物，气体膨胀的压力向下推动活塞，将动力传递给曲轴。在上方气缸内发生爆炸的同时，下方的曲轴箱也在工作。随着活塞运动到气缸顶部，进气口露出，曲轴箱内的负压将新鲜空气和化油器内的燃料一并吸入。

△ ▽ 当活塞开始向下运动时，下方曲轴箱的进气口被堵住，将箱内空间与外界完全隔绝。箱内的燃料和空气的混合物开始被压缩。

△ ▽ 活塞继续向下运动，气缸壁上的排气口打开，使气缸与外界大气连通，废气开始排出。而在下方的曲轴箱中，燃料和空气的混合物被向下运动的活塞继续压缩。

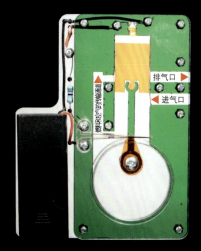 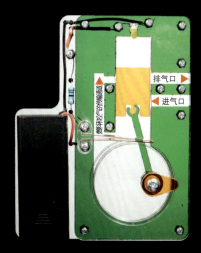 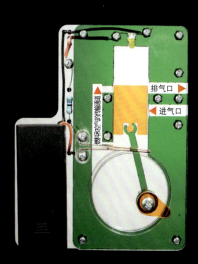

△ ▽ 当活塞即将运动至气缸底部时，左侧的传输通道端口打开，气缸与曲轴箱连通，曲轴箱中压缩后的燃料和空气的混合物通过传输通道向上进入气缸。需要注意的是，此时排气口仍需保持打开状态，因为新进入的燃料和空气的混合物会将剩余的废气排出。在这个过程中，一些尚未燃烧的新鲜燃料会被排出，这是二冲程发动机的一个主要污染源。

△ ▽ 过了一小会儿，活塞触底转向，开始向上运动。传输通道随即关闭，而排气口的关闭则要稍晚片刻。如果排气系统设计正确，在排气口尚未关闭的短暂时间里，排气口的反向压力会将大部分未燃烧的燃料推回气缸。

△ ▽ 随着活塞继续向上运动，燃料和空气的混合物被不断压缩（类似四冲程发动机的压缩冲程）。另外，由于活塞下方的空间变大，曲轴箱中开始形成负压，正如本循环开始时的情况一样。

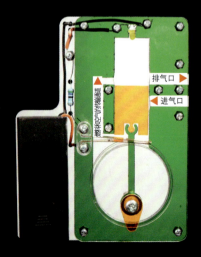 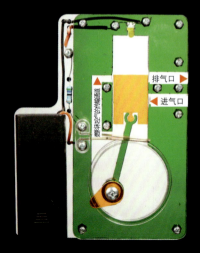 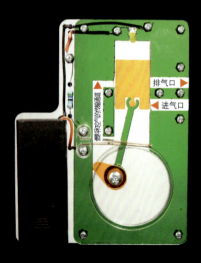

△ 在活塞运动至气缸顶部前，火花塞尚未点火，此时进气口打开，曲轴箱中的负压将新鲜燃料和空气吸入。我们就回到了整个循环开始的时候，现在你应该能明白整个工作过程了。接下来，进气口将一直打开，直到活塞触顶后转向下移。而进气口关闭后，下移的活塞开始压缩曲轴箱中的燃料和空气的混合物，重复先前的循环。

排气口 ▶

◀ 进气口

四冲程发动机的 4 个冲程是依次独立进行的：吸入新鲜的燃料和空气的混合物，压缩燃料，点燃燃料并膨胀做功，排出废气。而二冲程发动机则巧妙地将一部分压缩工作分配给气缸下方的曲轴箱，压缩工作与上方气缸的点火、膨胀做功环节同时进行。

当做功冲程结束后，活塞运动至底部。在压缩冲程开始前，燃烧后的废料被曲轴箱内的新鲜空气和燃料"挤出"了气缸。换句话说，进气冲程和排气冲程也随之完成了。这种见缝插针式的"组合冲程"模式导致二冲程发动机面临着无法将废气和新进入的燃料完全分开的问题，部分未燃烧的燃料会不可避免地逸出。

现在你应该能明白曲轴箱作为预压缩室的作用了。在做功冲程中，曲轴箱利用活塞向下的推力，将箱内储存的燃料与空气的混合物顺势输进气缸，同时排出废气。预压缩室的存在避免了进气冲程单独进行的情况，但这也会带来一些问题。活塞连杆和曲轴的轴承高速运转，承受着巨大的压力，因此它们必须用油进行润滑。如果没有持续的良好润滑，轴承在几分钟内就会被摩擦产生的高温烧坏。而不幸的是，如果我们用汽油进行润滑，当燃料和空气的混合物在曲轴箱中被压缩时，汽油会溶解、挥发，最终进入气缸并燃烧，造成更大的污染。

因此，在实际操作中，为给曲轴和轴承润滑，二冲程发动机不能使用普通汽油，而需要把润滑油和汽油混合在一起，发动机吸入的燃料必须含有足量的润滑油。这类润滑油经过调制，在燃烧时比较清洁，但要让这类重油燃烧后与汽油一样清洁是不现实的。

△ 二冲程发动机能有多简单？这是一个小型飞机模型上的发动机的全部零件，包括所有的螺栓、垫圈等。整个发动机的零件只有这么多！这比我的丙烯酸模型的零件少多了。该模型还可以进一步简化：两个零件拼装成的挡板式进气阀可由一个滑动式阀门代替。

▷ 令人惊讶的是，有一类二冲程发动机体形庞大且工作高效，与典型的割草机和飞机模型上的发动机完全不同。那就是我们在第 67 页见过的巨型低转速船用柴油机。当这种柴油机的巨大活塞缓慢运动时，安装在柴油机周围的特制机器负责控制燃料和空气的输送，以优化每个循环的性能。在这类发动机中，曲轴与上方的气缸完全隔离，因此可以按常规方式进行润滑。压缩工作则由一个完全独立的涡轮增压装置完成，该装置将燃料和空气直接注入气缸。

参观
斯特朗夫妇的
陈列室

内燃机最重要的作用就是用作汽车发动机，它至今仍是汽车工业的核心部件。对普通人来说，汽车的外形风格和驾驶速度十分重要；对像油猴一样的汽车维修工来说，最吸引他们的是发动机；而对于真正的汽车爱好者来说，吸引他们的是各种类型的汽车齐聚一堂的壮观景象。我偶然在离家仅几千米的一个地方见到了这种罕见的景象。

△ 这是我参观的起点。说实话，如此普通的一扇门实在不会抬高我的期望值。但第一次走入这扇魔力门，我就被接下来看到的景象深深震撼了。还等什么？快和我一起走进斯特朗夫妇的陈列室吧！

△ 初进这间陈列室，我感觉就像进入了时空隧道。包括最左边艾伦·斯特朗的穿着打扮、赛车、跑车以及其他豪华汽车，这里的一切简直就是 20 世纪二三十年代豪华汽车经销商的完美展厅！ 1908 年上市的福特 T 型车价格实惠且广受好评，但我们在这里看不到它。

这辆车的来头可不小，它参加了著名的印第安纳波利斯 500 英里大奖赛[1]的第一场，它的车主是印第安纳波利斯赛车场的老板。

这里有扇小门，它通向下一个满是汽车的房间。

这个车型目前只有两辆车存世，其中一辆在这里，另一辆由脱口秀主持人杰伊·莱诺收藏，杰伊后来也成为了藏车众多的发烧友。

这个房间丝毫不比第一个房间逊色。

这种车型全世界仅此一辆。

---

[1] 赛程约为 800 千米。——译注

1913 年款凯迪拉克

　　1913 年生产的这辆凯迪拉克是该车型中唯一存世的，该车型因获得 1908 年的杜瓦奖（杜瓦奖是由英国皇家汽车俱乐部主席托马斯·杜瓦于 1904 年创立的汽车设计奖项，旨在推动汽车工业的发展和技术创新，备受业界推崇）而闻名，它拥有我所见过的最漂亮的发动机。这辆凯迪拉克全部使用可更换零件。在那个时代，制造汽车的模式大多是一次制造一辆，一个个零件被小心翼翼地组装成一辆完整的汽车，但每次组装都没有统一的标准。有一次，人们从制造商的仓库中随机挑选三辆车并将其拆解，然后将卸下的零件混在一起，再将这些零件重新组装起来。最后组装出来的三辆车乍一看没什么不同，而且都能完成试驾，但你若仔细观察这些车的内部构造，就会发现它们完全换了个模样。

△ 瞧瞧这个美丽的设计！几乎所有汽车发动机都采用水冷方式降温。装有水的冷却管道分布在气缸周围，水通过泵在整个发动机中循环，然后通过散热器散热。大多数发动机的冷却管道会隐藏在铸铁气缸中，而这款精致的凯迪拉克汽车则与众不同！它的冷却水流经华丽的铜罐，几个铜罐通过焊接的铜管（类似铜制的家用给水管道）进行连接。

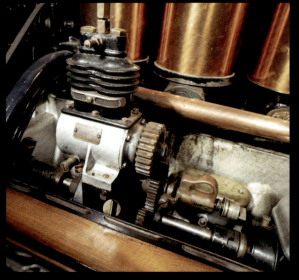

△ 早年拥有一辆汽车的许多麻烦之一就是橡胶轮胎制造技术还不够成熟。在那个年代，如果你有一天要开车去邻近的城镇，你的轮胎几乎肯定会在途中漏气。因此，大多数汽车配备了手动打气筒（类似今天的自行车打气筒）。这辆高端的凯迪拉克汽车则在发动机中配备了一台小型空气压缩机。你可以通过操作压缩机右侧的滑动齿轮给这辆豪车的轮胎打气。

△ 不得不承认，早期的汽车不是那种"转动钥匙就能发动"的傻瓜机器。这是一个小油罐，用来确保我们能随时给那个一直需要润滑的零件涂抹润滑油。

1915 年款帕卡德

　　1915 年生产的这款帕卡德老爷车在美国汽车工业的早期意义重大。它是汽车企业家卡尔·格雷厄姆·费希尔定制的私人汽车，也是他的赛车。卡尔年轻时胸怀大志，他发现美国汽车工业的发展由于缺乏良好的测试赛道来验证汽车的耐久性而受到阻碍，所以他建设了前文提到的印第安纳波利斯赛车场，并创立了后来闻名美国的印第安纳波利斯 500 英里大奖赛，让各种赛车在场上挑战自己的极限。不仅如此，卡尔认为另一件阻碍美国汽车工业发展的事情是美国缺乏良好的越野公路，人们无法从一个海岸驱车顺利到达另一个海岸而不陷入堪萨斯州某处的泥沼中。因此，他多年来一直参与各种宣讲活动，以筹集资金建设林肯公路（美国最早的越野公路之一）。

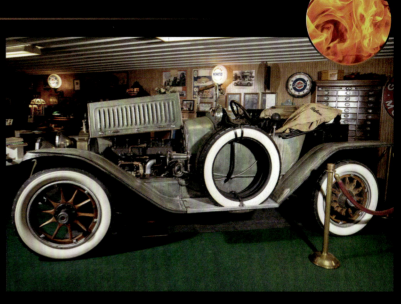

△ 1915 年生产的这辆帕卡德是卡尔·格雷厄姆·费希尔的定制专车。

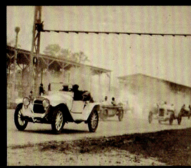

▷ 这是 1915 年卡尔开着这辆帕卡德参加印第安纳波利斯 500 英里大奖赛的珍贵照片。

△ 这是 1915 年卡尔和这辆帕卡德在印第安纳州北部的埃尔克哈特的照片。他在修建林肯公路时开着这辆车勘测路线。

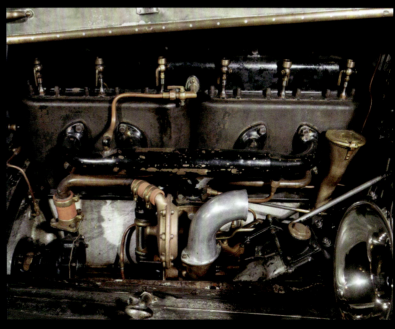

△ 卡尔的帕卡德有一台六缸发动机，6 个气缸一字排开。这 6 个气缸又分为独立的两组，每组有 3 个气缸，这种多缸组合的布局在早期的发动机中很常见，因为当时的冶金和铸造技术很难一次铸造出体形庞大的气缸。当然，这种布局也使发动机的维修更加方便，我们只需拆开一半发动机就可以对出了问题的气缸进行维修。为了了解现代的发动机配置，我们要把目光转向下一款汽车。

1927 年款帕卡德

1915 年款帕卡德问世后，卡尔·格雷厄姆·费希尔的这辆 1927 年款帕卡德展示了那个时代飞速发展的汽车制造技术。

1930 年款凯迪拉克

这辆华丽的 1930 年款凯迪拉克敞篷车有一个有趣的设置：两排座椅之间还有一排挡风玻璃，它可以在顶盖升起时收起来。其实，这辆车上还藏着一个惊喜。

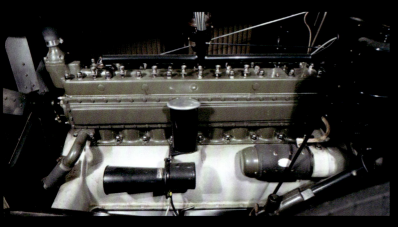

△ 1915 年款帕卡德有两组一共 6 个气缸，而 1927 年款的气缸有 8 个，这 8 个气缸都位于一个缸体中。设计者没有像老款一样按竖直方向把气缸分成若干组，而是根据水平高度将整个缸体分成顶部的缸盖、中间的缸体和底部的曲轴箱三部分。这种配置的优点是，对于许多容易损坏的零件，如阀门、凸轮轴、正时齿轮、摇臂等，我们只需拆下发动机顶部的缸盖，就可以立即接触它们。由于曲轴箱不受气缸内高温汽油爆炸的影响，它可以用重量轻、熔点低的铝制成。几乎所有的现代发动机都采用这种布局方式。

△ 这辆车凭一己之力把后座驾驶带到了一个新的高度——后座居然有一个仪表盘！仪表盘上的速度计让你即使在后座也可以对司机的驾驶指手画脚。（开个玩笑，干扰司机驾驶是很危险的行为。）实际上，仪表盘上的速度计和计时器（一种精确的时钟）可以在测试和越野比赛中供导航员使用。

1934 年款帕卡德

这辆 1934 年款帕卡德太漂亮了！

1935 年款奥伯恩增压飞车

△ 1935 年款奥伯恩增压飞车的设计兼顾了速度和外观。

这辆 1935 年款奥伯恩增压飞车的确是增压的。每辆车在出售前都进行了速度在 160 千米 / 时以上的测试。它就像今天的兰博基尼一样，并不是一辆严格意义上的汽车，而是一个在路上用来飙车的玩具。当然，这么说并不意味着这辆车有什么不对的地方。

△ 很明显，这台发动机是设计给人们观赏的。就像今天的"热棒车"（Hot Rods，经改装的高速汽车）以及每 10 年都可以追溯到的代表车型一样，光快是不够的，还要看起来也很快。

△ 到了 1934 年，发动机看起来更加现代。看看发动机上方的进气管和排气管，你就会发现这种设计纯粹是在炫耀。

△ 只要一款产品需要营销，人们就会挖掘其特色作为卖点。例如，汽车品牌雪佛兰有"半"发动机，指的是发动机气缸的顶部呈半球形。电动工具品牌得伟在所生产的产品上印上"brushless"（无刷）这个词，指明该产品所用电动机的类型。这些文字甚至比品牌标志还要大。而奥伯恩则自豪地给图中的这辆车贴上了增压标签，以确保潜在客户不会错过这一款炫酷的奥伯恩增压飞车。

在离开斯特朗夫妇的陈列室之前，我必须对这里的一切表示感谢。不仅是汽车，南希·斯特朗在房间内放置了那些年代的许多服装和帽子。它们和汽车一起为这个神奇的地方带来了一种时光倒流的感觉。这就是一生辛勤工作、用心生活、快乐收藏的样子！

▽ 这绝对是我见过的最大的音乐盒。

△ 这是一个蒸汽机模型。　　　　　　　　▽ 帽子太多啦！

在斯特朗夫妇的收藏中，我把这个小型空气过滤器留到最后介绍。它最有趣的地方不是它在汽车上的使用方式，而是它巧妙地解释了口罩的功能。当我写到这里时，正是新冠病毒大流行的时候，口罩成为了我们生活的一部分。

发动机不喜欢空气中的灰尘，这些灰尘会随空气被吸入发动机并与燃烧的汽油结合。当你在土路上行驶时，扬起的细小沙粒可能会刮伤气缸的内壁，同时也会熔化并粘在排气系统的表面，这通常会造成一些故障。因此，空气过滤器是一个至关重要的部件。

如今的空气过滤器通常由非编织的褶皱材料制成，很像炉子和吸尘器里的过滤器。一些老式空气过滤器的工作方式则完全不同。它们没有使用具有非常小的孔的滤嘴，而是使用金属丝网。若网孔太大，就无法有效过滤灰尘颗粒。

粗糙的金属丝网是如何阻止细小的灰尘颗粒穿过的呢？原来，秘密在于金属丝网有很多层，而每一层都涂上了机油。在机油黏性的阻拦下，灰尘颗粒也许会侥幸穿过一两层金属丝网，但几乎不会畅通无阻地穿过空气过滤器。

关于过滤方式，用于过滤病毒的口罩面临更大的挑战。

由于病毒很小，一些口罩的网孔的确小到能够过滤掉病毒，但过小的网孔无法让佩戴者自由呼吸。因此，口罩的工作原理与老式发动机的空气过滤器类似，它由黏性纤维制成。另外，口罩过滤层由驻极体纤维制成，而不是在内部涂上机油。

驻极体纤维内部有无数个分子，分子两端的电荷不平衡，一端比另一端带有更多的正电荷。当材料处于熔融状态时，这些分子可以旋转，但当材料处于固态时，分子被锁定在自身位置上。为了制造驻极体纤维，需要先将相关材料加热，然后将其拉制成纤维，再将纤维夹在两块金属板之间进行冷却。两块金属板之间有很高的电势差。分子沿着电场排列，然后在材料凝固时锁定位置。这就形成了一种纤维，它的一边带正电荷，另一边带负电荷。

就像老式的空气过滤器里的机油一样，口罩的永久电场能吸附微小的病毒。这种口罩的效果非常好，但你必须小心，因为一旦纤维被包裹起来，电荷就会被中和。你也不能给它们过度加热，否则分子会重新定向，破坏静电场。

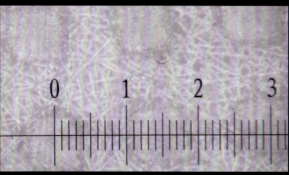

△ 这是 N95 口罩以毫米为单位的特写（图中的一个小刻度代表 0.1 毫米）。我们可以看到，纤维的间隙大约是 0.1 毫米。这是一个问题，因为典型病毒的大小只有大约 100 纳米，比纤维的间隙小多了。然而，这种口罩的防护效果很好，因为纤维能通过静电吸附病毒。

动力模型

如果没有足够的预算或房子来收藏古董车，你可以购买一些漂亮的发动机模型作为替代品。自发动机诞生以来，各式各样的模型用于帮助人们弄清发动机的构造。模型有 3 种基本形式：透明模型、剖面模型和操作模型。

透明模型最脱离实际，但也最适用于学习。在撰写这本书的过程中，为了学习发动机的组装方法，我决定亲自设计透明模型。我设计的第一个模型是三缸的双凸轮置顶模型，大型正时齿轮将曲轴连接到两个凸轮轴上（两个凸轮轴中的一个用于开关排气阀，另一个用于开关进气阀）。一个正时齿轮上的黄铜触点模拟配电器，它触碰螺母后将 LED 灯点亮，模拟火花塞点火。

做完第一个模型后，我意识到观察 3 个气缸一起工作是很难的。所以，我想做一个可以从某一个视角观察到所有零件运动的模型（包括 3 个气缸、3 个火花塞、6 个阀门、若干曲轴和凸轮轴）。我花了几周时间才弄明白如何绘制平面设计图，但好在结果还是十分令人满意的。尽管比例不够真实，但看着它转动，我以一种前所未有的方式感受到了发动机运转的韵律。

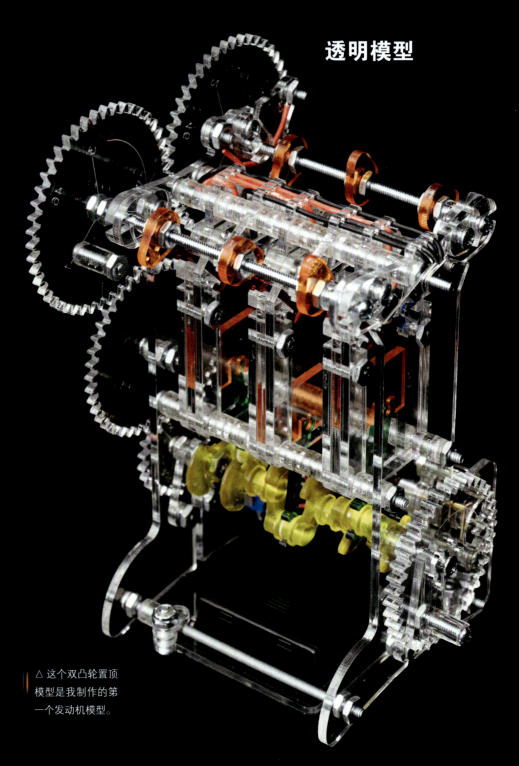

△ 这个双凸轮置顶模型是我制作的第一个发动机模型。

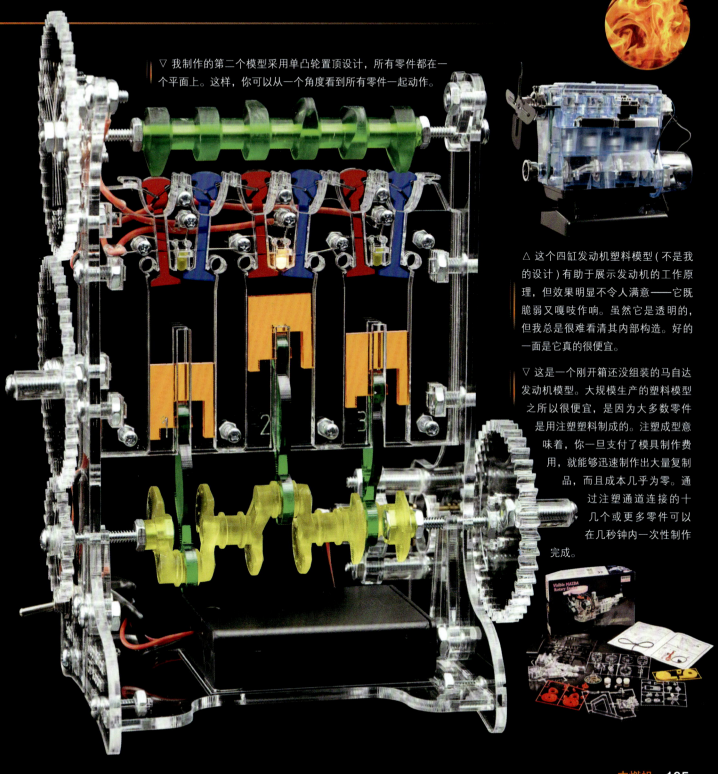

▽ 我制作的第二个模型采用单凸轮置顶设计，所有零件都在一个平面上。这样，你可以从一个角度看到所有零件一起动作。

△ 这个四缸发动机塑料模型（不是我的设计）有助于展示发动机的工作原理，但效果明显不令人满意——它既脆弱又嘎吱作响。虽然它是透明的，但我总是很难看清其内部构造。好的一面是它真的很便宜。

▽ 这是一个刚开箱还没组装的马自达发动机模型。大规模生产的塑料模型之所以很便宜，是因为大多数零件是用注塑塑料制成的。注塑成型意味着，你一旦支付了模具制作费用，就能够迅速制作出大量复制品，而且成本几乎为零。通过注塑通道连接的十几个或更多零件可以在几秒钟内一次性制作完成。

剖面模型

　　如果你想要一个更令人满意的全金属发动机模型，而且仍能看到它的内部构造，那么你可以买一个剖面模型。在前文中，我们看到一些真实的小型发动机被剖开，以展示它们的内部构造。而对于较大的发动机，人们会专门制作用于教学的剖面模型。

　　这种可爱的压铸金属发动机模型的售价为几百美元，由一家中国公司制造。它有许多零件，并附有详细的组装说明书。该模型的一个重要价值是，组装它的过程比单单欣赏它运转更能让你有所收获。

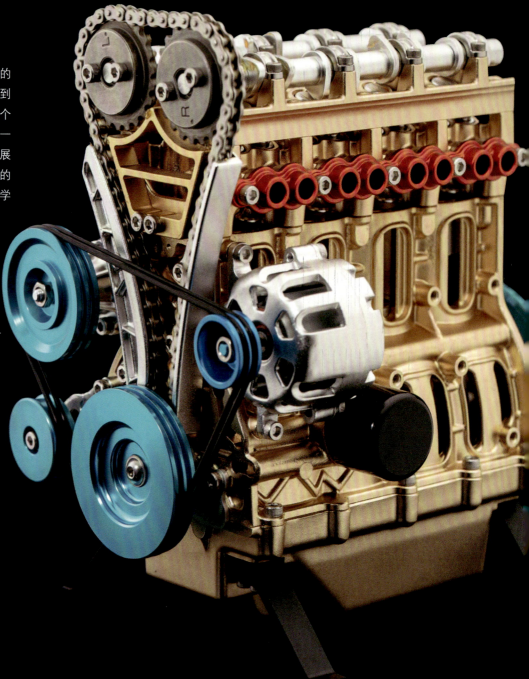

▷ 这是一个四缸十六阀门的金属发动机剖面模型。

前文介绍的每一台四冲程发动机都使用了提升阀，提升阀被向下推，在气缸中形成一个开口。这类阀门是通用型的，几乎可用于所有四冲程发动机。提升阀的前身是曾在一段时间内被广泛使用的套筒阀，套筒阀完全没有使用阀门弹簧，在机械结构上更加简单。活塞周围有两个不同时上下滑动的同心套筒，只有当这两个套筒侧面上的槽对齐时，通气口才会打开，因此设计者需要设计正确的套筒运动顺序，以保证发动机能够正常运转。

上述通气口的工作方式与二冲程发动机中的通气口类似，但二冲程发动机不需要任何套筒，因为活塞本身的运动就能在正确的时间将通气口打开或堵住。直到今天，二冲程发动机仍使用通气口，而这种更复杂的双套筒设计被证明十分不可靠。

◁ 进气冲程：进气口打开，排气口关闭。

◁ 压缩冲程：两个通气口都关闭。

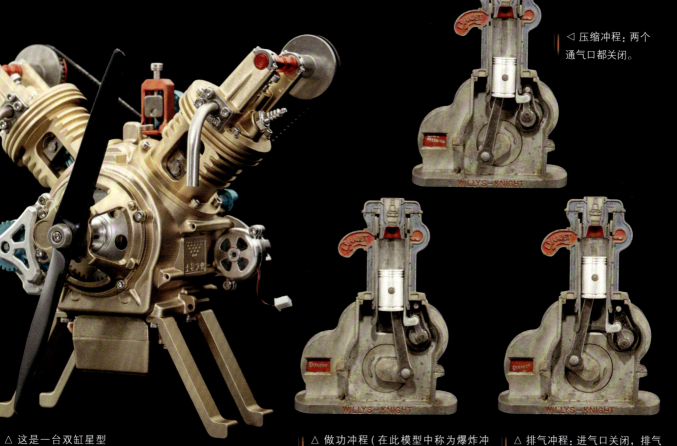

△ 这是一台双缸星型发动机的剖面模型图。

△ 做功冲程（在此模型中称为爆炸冲程）：两个通气口仍然关闭。

△ 排气冲程：进气口关闭，排气口打开。

工作模型

正如我们已经看到的，能够正常运转的蒸汽机模型和斯特林引擎模型是十分常见的，而且它们的存在也令人感到愉快。它们往往十分安静，可以使用燃烧时干净且几乎不会生烟的酒精。内燃机模型的情况则与它们大相径庭。不管外观多

么漂亮，内燃机模型必定会产生噪声，而且不可避免地会排出难闻、有潜在危害的废气。

小型内燃机通常会出现在它们能发挥作用的地方，比如一些飞机模型和园艺机器，但也有一些小型内燃机是专门为教学设计的。

这两个由弹簧固定的重物随飞轮一同旋转。当飞轮快速转动时，离心力会使这两个重物相互远离。其实，这是一种测量飞轮转速的方法。飞轮的转速越高，离心力越大，这两个重物之间的距离就越大。

拍照前我试着不触碰重物，但它头仍让人吸引人，我还是忍不住摸了一下。

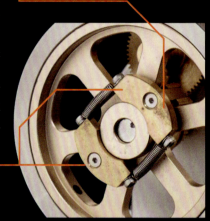

▷ 这款崭新而美观的一触即发式内燃机模型是由中国制造的，售价约为300美元。它和过去最好的型号一样，做工精良，还包含一套可爱且功能齐全的零部件。实际上，它可以运转。

这个油箱用黄铜制成。

冷却水在气缸壳体内壁与外壁之间循环。

这个泵受曲轴上的一个凸轮驱动，使循环使用的冷却水流经散热器和气缸罩。

散热器对在气缸周围循环的水进行冷却。（这是一台真正的水冷发动机模型。）

这个消声器可以降低噪声。

▽ 在飞轮的另一侧，我们能看到测速系统是如何工作的。当飞轮静止或缓慢转动时，带槽滑轮位于轨道左端。当内燃机快速运转时，分散的重量使带槽滑轮向右移动。滑轮的左右移动带动一个杠杆来回运动，杠杆的位置决定了其会不会卡住排气阀的升降器，以防升降器下移。

随着内燃机的快速运转，弯曲的杠杆卡住升降器，防止它随凸轮向下移动。

杠杆随带槽滑轮左右移动。

当飞轮加速时，带槽滑轮向右移动。

▷ 在排气冲程中，当内燃机慢速运转时，排气阀在正常情况下仅在需要时由凸轮打开。(注意，此时带槽滑轮在左端，弯曲的杠杆并未卡住升降器。) 但当内燃机快速运转时，弯曲的杠杆卡住升降器 (如右下图所示) 不让它下降，排气阀会在接下来的进气冲程中持续打开。所以，此时空气通过排气阀进入比通过进气阀进入容易得多，气缸里充满空气，而非燃料和空气的混合物。因此，下一次火花塞点火时，气缸内不会发生爆炸。随着发动机减速，弯曲的杠杆最终释放升降器，排气阀顺利关闭。此后，燃料被吸入，内燃机又获得了动力。

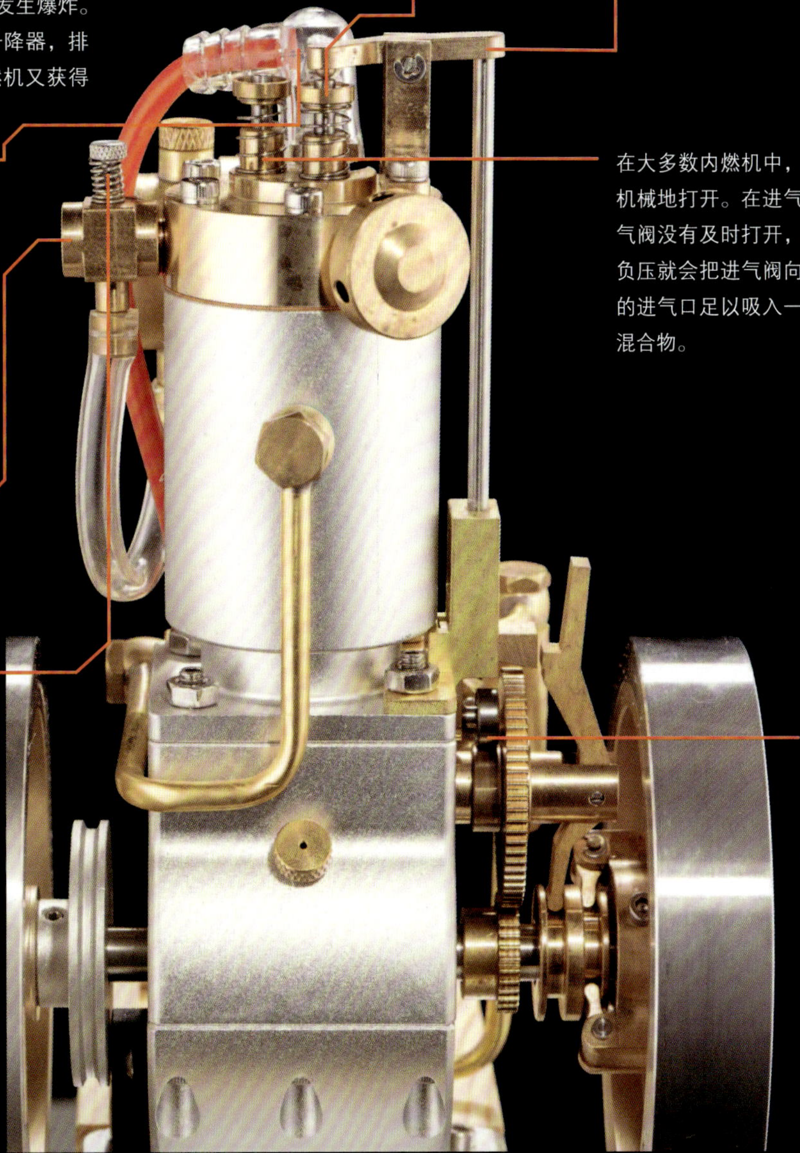

无论有没有燃料需要点燃，火花塞在每个循环中都会点火。这种设计被称为"浪费的火花"。一些内燃机只有在需要时才点火，以延长火花塞的使用寿命。

燃料与进入化油器的空气混合在一起。

这个节流阀控制着每个进气冲程中吸入内燃机的燃料的量。燃料的量并不能决定内燃机的转速，内燃机的转速是由随飞轮旋转的重物控制的。相反，燃料的量决定了内燃机需要在多少个周期内点火以保持转速，具体取决于内燃机的负荷。在轻负荷和节流阀大开的状态下，内燃机可能每 10 个周期只需点火一次。而随着负荷增加，内燃机在每次点火后会更快地减速，并且会有越来越多的周期需要点火。要保持转速稳定，你需要调整节流阀，让大多数循环周期点火 (但不能让所有循环周期都点火，否则内燃机无法达到预定转速)。

排气阀通常只在排气冲程中打开，但是当内燃机快速运转时，排气阀会打开更长时间。

摇臂将右侧推杆向上的运动转化为左侧排气阀向下的运动。

在大多数内燃机中，进气阀从来不会机械地打开。在进气冲程中，只要排气阀没有及时打开，活塞后退产生的负压就会把进气阀向下拉，直到露出的进气口足以吸入一些燃料和空气的混合物。

在每个排气冲程中，这个凸轮有规律地将升降器和推杆抬起，从而打开排气阀。但当内燃机快速运转时，升降器在凸轮上方被弯曲的杠杆卡住，导致排气阀在一个或更多个循环周期中保持打开状态。

对机器的热爱

在一个炎热的下午，我到离家不远的废弃军事基地的机场观看了一个多小时的拖拉机游行。一批老旧的拖拉机一辆接一辆笨重地驶过，这些曾经的"野兽"大多以汽油或柴油为动力。在我的周围，成千上万的人都在观看和评论各种发动机的类型，讨论谁家的叔叔也参加了这场游行。在这场活动中，有一个萌娃一直在我的视线之内，他骄傲而滑稽地驾驶着一辆拖拉机沿着游行路线开了一路。

在美国每年都会有几十场这样的活动吸引着千千万万的游客。是什么吸引这么多人参与进来？答案是人们年轻时对这些机器的热爱。参加活动的大多数是老年人，这些拖拉机会让老人们想起过去使用它们时和父母、祖父母在一起的时光。家用拖拉机不仅仅是一种工具。就像曾经每家每户养的马一样，它既是农场家庭维持生计的基础，也是家庭的一种投资，也许它比一家人住的房子还值钱。这种情况即使在今天也是如此，一台现代农业机械（比如联合收割机）的售价可能超过 50 万美元。

△ 这是美国最大的拖拉机展览之一，每两年举行一次，展出的各种旧机器数不胜数。你可能会注意到，几乎所有观众都会乘坐高尔夫球车或某种机动小车。这是因为展览场地太大了，即使你一直快速步行，从一头走到另一头也需要整整半小时。

△ 在有组织的犁地活动中，许多蒸汽拖拉机和汽油拖拉机展示了它们的牵引力。图中的人们正在查看一辆拖拉机刚翻过的泥土。

这辆拖拉机由一台高压的双缸发动机驱动。

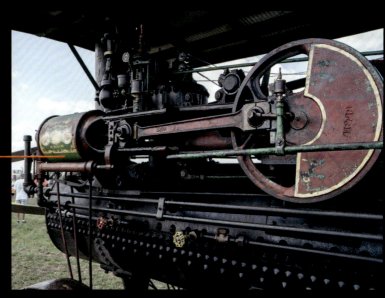

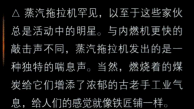

△ 蒸汽拖拉机罕见，以至于这些家伙总是活动中的明星。与内燃机更快的敲击声不同，蒸汽拖拉机发出的是一种独特的喘息声。当然，燃烧着的煤炭给它们增添了浓郁的古老手工业气息，给人们的感觉就像铁匠铺一样。

△ 使用汽油机的拖拉机同样能发出美妙的声音。这是一辆老式的 AVERY 40-80 拖拉机，它运转时发出的声音听起来像出自一个很酷的爵士乐队之手。它有一台 4 个气缸水平对置的发动机，发动机前方露出来的阀门决定基本的节奏，与后方柔和的阀门动作声和做功冲程沉闷的砰砰声相互协调。

▷ 汽车有着薄薄的金属外壳，这些外壳在 20 年内就会生锈，变成一文不值的废料。而拖拉机则没有这种外壳，当然时常会出现橡胶部件老化、密封件需要更换、电池磨损、需要换油等小问题。拖拉机的"骨骼"是强壮的，它们长年累月辛勤地工作着。一辆好的拖拉机就算几乎没有受到过关爱，也很容易比它的第一个主人活得更长。而拖拉机修复公司则会将一台破旧而坚固的老机器变成一个闪闪发光的明星，让它成为下一个使用者的美好回忆。

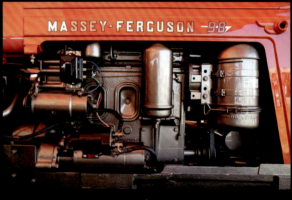

△ 没有一辆拖拉机处处完美，但在那些看着父母驾驶拖拉机的孩子眼中，那些拖拉机在各个方面都是绝佳的。人们复原了这台机器，不是为了找到它曾经的模样，而是为了找到那些热爱它的人心中的记忆。是这些人让它能够代表那段渐行渐远的生活。

▽ 这是我的拖拉机，它与那些经过精心修复的藏品形成了鲜明的对比。它是在我出生前 10 年生产的，而我在它已经几十岁时才买下它。我一直不是个好主人，时常把它丢在户外，甚至好几年都没有保养它。当久经风霜的它需要修理的时候，我没有给予足够的重视。我对待拖拉机的态度的确十分糟糕。实际上，对我来说，投入时间和金钱让它焕然一新并不重要，它也不是我的父母传给我的拖拉机（我的父母都是大学教授，是数学家，他们甚至似乎为我想拥有一辆拖拉机而担忧）。但是，我深深理解那些来自农场家庭的人，理解他们对家用拖拉机的独特感情。这些精美的机器代表了他们的童年以及在农场中生活的记忆，那曾是一段无忧无虑的欢乐时光。

△ 拖拉机展览有一大片区域专门出售生锈的金属零部件，这些零部件就来自前面介绍的那些翻修后的拖拉机。任何一辆有 50 年历史的拖拉机都可能出现问题，比如零部件缺失或者撞到栅栏上而损坏了挡泥板。网上的生锈零部件清单让我们很容易找到合适的零部件，但没有什么事能代替在广阔的土地上闲逛并找到一个特别好的样品。

▽ 沮丧的是，我连一个生锈的发动机整流罩都用不上。我最终买下了这个用混凝土做的小鹿模具。回来之后，为了让这笔消费免税，我不得不把它写在这本书里。

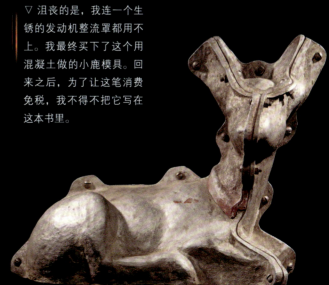

福特博物馆

如果我们要问谁对内燃机产生了最深远的影响，这个人肯定是亨利·福特。他没有发明内燃机，而是把它普及开来，变成了一种在今天不可或缺的东西。他就像汽车工业中的史蒂夫·乔布斯和比尔·盖茨的结合体（说他像史蒂夫·乔布斯是因为福特让人人都想拥有一台内燃机；说他像比尔·盖茨是因为福特和后者一样，首先是一名工程师，其次才是一名企业家）。

下面的小摆件来自右边的这台交互式自动挤压吹塑机。往机器中投 3 美元（在它刚出厂那会儿只需要 25 美分）的材料，它就会给你一个蜡制纪念品。这种机器的存在意味着还会有更大的东西。看右侧中间的小图，这是一个用于摆放福特蜡像的博物馆。

福特博物馆位于密歇根州底特律市。这个博物馆是福特本人建造的，它和福特本人一样，对所有机械产品的投入都是巨大且认真的。不说该博物馆的尺寸细节，你可以想想：它有世界上最大的柚木地板，占地面积超过 3.4 万平方米。这还只是室内部分。户外部分名为格林菲尔德村，占地面积约为 32 万平方米，其中包括伟大的发明家托马斯·爱迪生的工作室，这个工作室是从新泽西州的原址搬迁过来重建的。

△ 福特博物馆的这台自动挤压吹塑机制作了大量小饰品和纪念品。

▽ 这是我收藏的福特蜡像和其他一些纪念品。

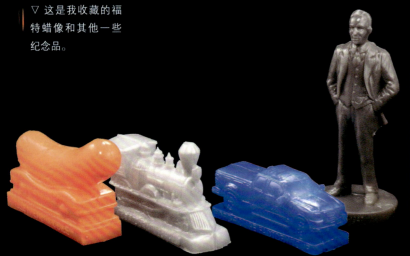

△ 这是福特博物馆内巨大的柚木地板

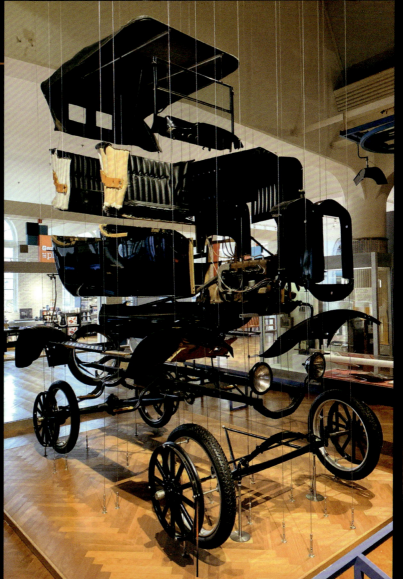

△ 如果是你，你会在 3.4 万平方米柚木地板上放些什么呢？好吧，热狗车、罗莎巴士和乔治·华盛顿的行军床是我马上想到的三个东西。这座博物馆还收藏有完整的蒸汽机车、十几架甚至更多的飞机，以及多到足以让柚木地板颤抖的各种汽车。

◁ 很多博物馆有图片或计算机动画来展示一些设备的零部件是如何组装在一起的。左图展示了一辆货真价实的福特 T 型车，它被拆解开来。

◁ 福特 T 型车是第一款普通百姓能负担得起的量产汽车，它改变世界的程度和互联网相当，而且用的时间也差不多。这就是为什么亨利·福特有足够的钱来铺设面积如此巨大的柚木地板。

▽▷ 这些赛车不仅代表了福特的营销能力，还代表了其技术水平。这些赛车依靠速度赢得比赛，它们无与伦比的速度则来自自身卓越的性能和头脑清醒的驾驶员。在那个时代，这些机器都出自那些最优秀、最聪明的创新者之手。

▽ 你可以讨论有关亨利·福特的一些不愉快的事情，但不可否认的是他从一开始就在技术和商业两个方面推动了福特汽车公司的发展。下图是一台著名的厨房洗涤槽发动机，它是福特汽车公司成立之前福特自己用管件和其他金属零件制作的。这是一种四冲程发动机，但奇怪的是它的排气阀由一个凸轮驱动，而进气阀则是一个简单的止回阀（又称逆止阀，只允许介质向一个方向流动，而阻止反方向的流动，不需要凸轮驱动）。这种发动机不是福特的发明，许多爱好者都能做出来。福特也只是制作了这样一台发动机，但他随后围绕着它成立了一家公司并改变了世界。没有多少人能做到他这样的程度。

◁ 回家看到这张照片后，我才注意到这台发动机存在问题。推杆本该负责将凸轮的运动传递给发动机另一侧的排气阀，而在这张照片中，推杆已经旋转出来了。除非此时有人将推杆沿顺时针方向旋转 120 度，让它弯曲的末端保持垂直，否则这台发动机不会运转。另外，拜托谁给它上点油吧！看到这种干燥的金属就像用指甲在黑板上挠一样，我难受得浑身起鸡皮疙瘩。

电动机

电动机几乎在任何方面都优于内燃机。对于给定的功率，它比内燃机更小更轻，而且十分安静。它们大多无须维护且非常可靠，有些电动机可以在恶劣的条件下运行几十年不出故障。另外，很多电动机运行时十分干净，甚至可以在类似硬盘的密封环境中工作，而不造成任何污染。

既然电动机如此完美，我们为什么还需要其他类型的发动机呢？这是因为电动机需要供电才能运转！当安装在汽车和轮船等运输工具上时，电动机最大的问题是从哪里获得足够的电力。

目前最好的可充电电池储存的能量只有同等重量的汽油所储存的能量的六十分之一。当你给汽车加注汽油时，你传递的能量相当于几兆瓦电力。如果以相同速度给一辆电动汽车充电，那么电池的容量需要大到和为整个社区供电的变电站相当，而前提是电池能够承受如此极端的充电速度。因此，当为运输工具提供长途动力时，内燃机仍然优于电动机。单就集装箱轮船而言，内燃机则更加优越。

在住宅、学校、工厂等固定场所以及火车、有轨电车等固定线路的交通中，电力既实用又方便。在这些地方，电动机几乎一直占主导地位。

普通家庭拥有的电动机远远多于内燃机。是的，汽车上的汽油机可能是大多数家庭里最强大的发动机，而家庭中的电动机数量则远远超过内燃机。使用电动机的电器五花八门，如电冰箱、洗衣机、烘干机、吹风机、电动剃须刀、电动牙刷、电动理发器、电动耳毛修剪器、搅拌机、垃圾处理机、计算机风扇、吊扇、浴室换气扇、加湿器、除湿器、空调器、玩具机器人、相机等。

其实，连使用内燃机的汽车上也有很多电动机，如调节座椅和后视镜的电动机、驱动雨刮器的电动机、泵送清洗液的电动机、汽车前灯电动机（如果这是一辆有前灯的酷车），以及为内燃机泵送汽油的电动机等。

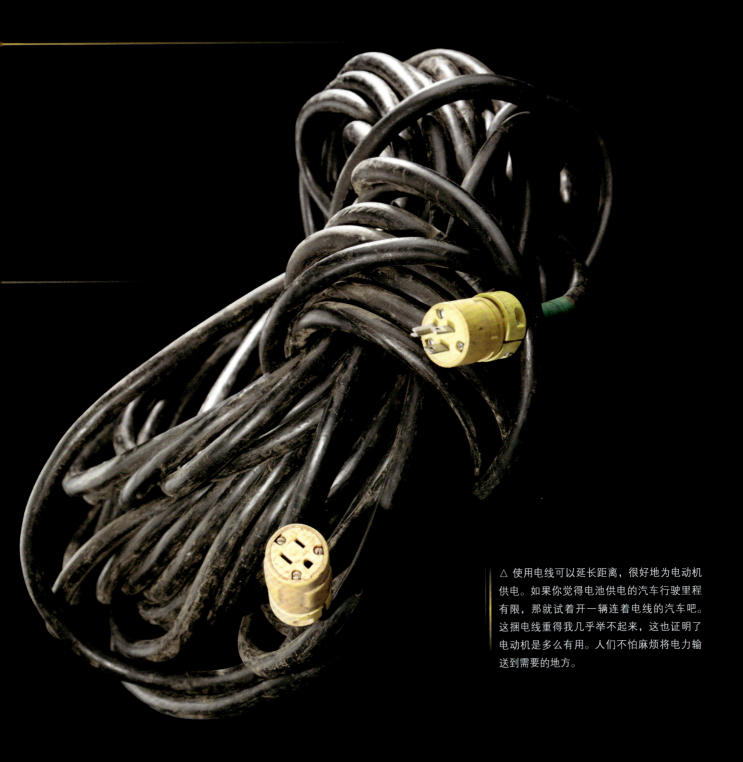

△ 使用电线可以延长距离，很好地为电动机供电。如果你觉得电池供电的汽车行驶里程有限，那就试着开一辆连着电线的汽车吧。这捆电线重得我几乎举不起来，这也证明了电动机是多么有用。人们不怕麻烦将电力输送到需要的地方。

从磁铁到电动机

除了一些稀奇古怪的例子外，所有电动机都是由磁力驱动的。磁体产生的磁力代替了蒸汽压力或燃烧汽油（或柴油等）产生的压力。因此，为了理解电动机是如何工作的，我们首先要学习一些关于磁体的知识。

磁体有两种常见类型：永磁体和电磁体。永磁体一直都带有磁性，它的优点是可以在不消耗任何电力的情况下保持磁性。而电磁体只有电流经过时才有磁性，它的优点是你可以将磁场打开或关闭，也可以通过改变电流方向改变磁场的方向。

为了制造一台电动机，我们需要两个相互推拉的磁体。当电动机的轴转动时，至少其中一个磁体需要翻转磁场，以保持电动机不停地运转。在蒸汽机中，如果蒸汽总是只在一侧充入，那么活塞一旦被推到一端，蒸汽机就会停止工作。所以，我们必须改变力的方向，以便将活塞拉回来并重复此循环。

在电动机中，永磁体和电磁体的组合方式有 3 种：一是用一个静止的电磁体驱动一个永磁体旋转；二是用一个静止的永磁体驱动一个电磁体旋转；三是用一个静止的电磁体驱动另一个电磁体旋转。

▽ 每个磁体都有北极（N 极）和南极（S 极）。同名磁极相互排斥，异名磁极相互吸引。换句话说，一个磁体的北极会被另一个磁体的南极所吸引，而两个磁体的北极或南极则会相互排斥。磁场存在于一个磁体的两极之间以及两极周围的空间中。拥有神秘力量的磁场看不见、摸不着，但我们很容易用数学描述它，也可以用所谓的磁场线来描绘磁场的分布。

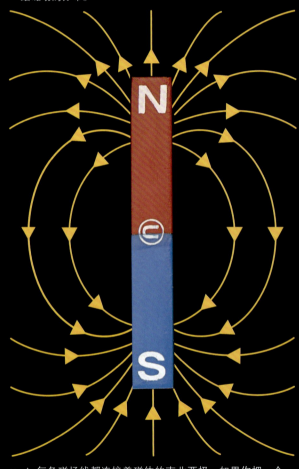

△ 每条磁场线都连接着磁体的南北两极。如果你把一个小指南针放入磁场中，它就会指向磁场的方向。

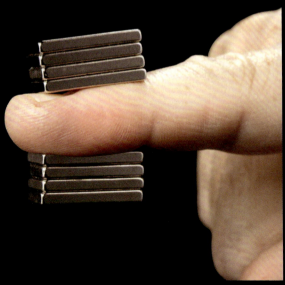

▷ 强力磁体是你能拿在手上的最神奇的东西之一。如果你从来没有手持两个强力的钕铁硼磁体，感觉它们在 2.5 厘米或更远的距离下的相互作用，那么你真的需要放下一切顾虑去尝试一下。不过，一定要小心！即使是很小的钕铁硼磁体，其磁力也可能弄伤你的手。更大一些的钕铁硼磁体甚至会压碎你的指骨。

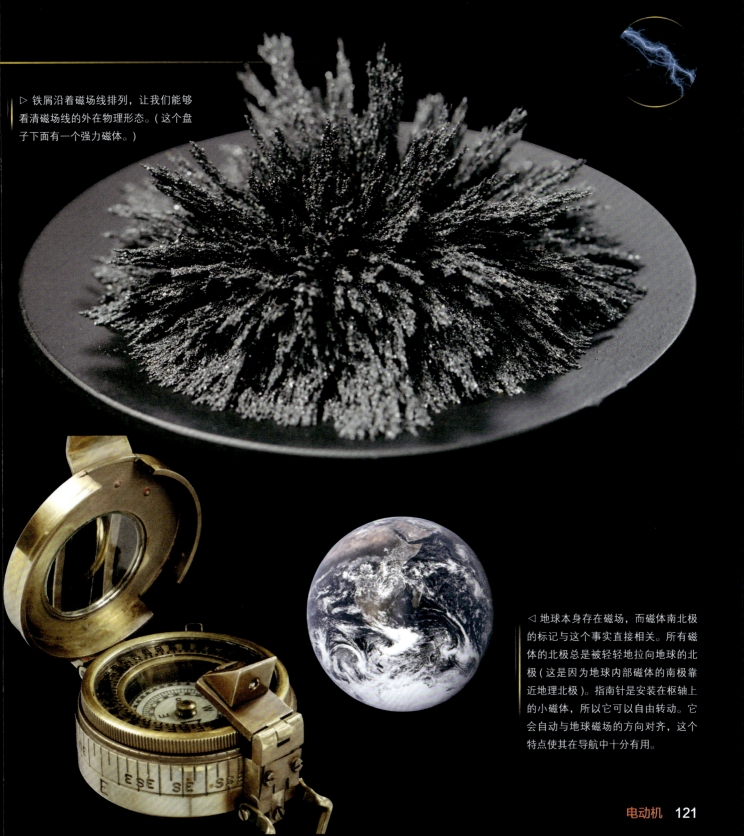

▷ 铁屑沿着磁场线排列，让我们能够看清磁场线的外在物理形态。（这个盘子下面有一个强力磁体。）

◁ 地球本身存在磁场，而磁体南北极的标记与这个事实直接相关。所有磁体的北极总是被轻轻地拉向地球的北极（这是因为地球内部磁体的南极靠近地理北极）。指南针是安装在枢轴上的小磁体，所以它可以自由转动。它会自动与地球磁场的方向对齐，这个特点使其在导航中十分有用。

什么是电

为了了解电动机，我们先了解了磁体，而磁体包括永磁体和电磁体，这意味着我们还要了解电。你可能经常听到"电流"这个词，或者听到电流被描述为电荷在电线中的"流动"，就像水在管道中的流动一样。一些描述科学现象的类比有时有很强的误导性，但电流像水流的类比是恰当的，并且对我们理解电十分有用。就像一个个水分子汇集成流经管道的水流一样，电流由大量被称为电子的亚原子粒子组成。在组成物质的 3 种粒子（质子、中子和电子）中，电子是最小、最轻的。

电荷分为正电荷和负电荷，异性电荷相互吸引，同性电荷相互排斥。换句话说，当两个正电荷或两个负电荷相遇时，它们会相互推开彼此。而如果一个正电荷和一个负电荷相遇，它们则会相互吸引。

电子带有负电荷，而质子带有正电荷。这意味着一群电子在一起时会试图推开彼此，因为它们都带有相同的负电荷。而如果此时你让带正电荷的质子混入其中，那么质子就会被电子吸引并配对。我们可以认为，电子通常在自己的轨道上运行。原子中间带正电荷的部分称为原子核，原子核通常由质子和中子构成，而电子受到正电荷的吸引，被紧紧地束缚在原子核周围。

组成金属的原子的特点是它们有"松散"的电子，这些电子可以轻易地从金属中的一个原子跳到另一个原子上。这些电子能够在固态金属中流动，就像水在管道中流动一样。如果你将额外的电子注入一块金属的一端，它们就会推动金属内部的松散电子，并在金属内部产生"压力"，导致电子试图远离"压力源"。

如果你把一块金属拉得又长又细，持续从其一端注入电子，并为另一端的电子提供一个去处，那么这块金属就会成为一条有电流流过的导线。你会发现，当你从管道的一端注入水时会发生类似的情况。

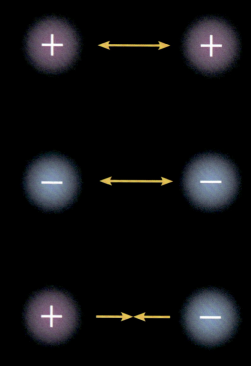

▽ 在将水注入管道的例子中，水分子互相推动，将压力从管道的一端传递至另一端。水的流向是从高压处向低压处流动。在其他条件不变的情况下，如果你增加压力，或者扩大管道的直径，就会让更多的水流过管道。

▽ 电子会从电压高的地方向电压低的地方"流动"（见第 126 页的详细解释）。如果你增大电压，就会有更大的电流流过同一根导线。如果你保持电压不变，而扩大导线的直径，或者将电阻大的导线换成电阻小的导线，也会让更大的电流流过导线。

电和磁之间的联系

电流与磁场之间存在着深刻的双向联系。只要导线中有电流通过，其周围就会存在磁场。如果导线是直的，磁场就会环绕在导线周围。

如果你将导线绕成一组线圈，每小段导线周围形成的环形磁场会"合并"在一起，形成一个大磁场。此时，线圈的一端是北极，另一端是南极。如果将这种磁场与永磁体的磁场进行比较，你就会明白为什么通电线圈被称为电磁体。它的行为与永磁体完全相似，除了当你切断电流时其磁性会消失。另外，如果你改变电流的方向，电磁体的南北两极就会颠倒。这就是我们用电磁体制造电动机的原因。

电流会产生磁场，而磁场也会产生感应电流。如果你将一块磁体放在闭合电路中的一段导线旁并沿一定的方向移动磁体，导线中就会产生电流。你可以把磁体想象成一个神奇的水泵，不用接触就可以推动管道里的水。这就是制造发电机和变压器的原理。

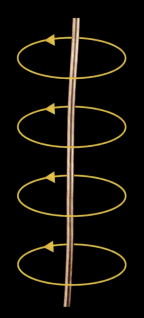

△ 一根通电直导线会产生环形磁场。

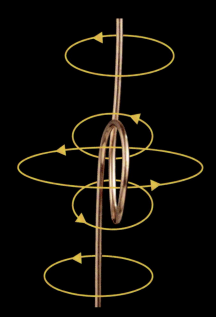

△ 这是环形导线及其两端产生的磁场。

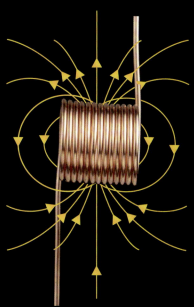

△ 带电线圈产生的磁场与永磁体的磁场非常相似。

▽ 这是将一根导线缠绕在螺钉上做成的简易电磁体。当线圈中有电流通过时，小螺母就会被吸引（在这幅图中，电流来自左侧手中的电池）。通电导线所缠绕的螺钉（或任何其他类型的铁芯）会将它的磁力集中在两端。只要你切断电流，小螺母就会掉下来。就像永磁体的两端都可以吸引小铁块一样，无论电流的方向如何，这个电磁体都能吸引小铁块。

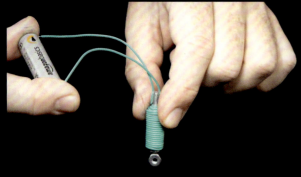

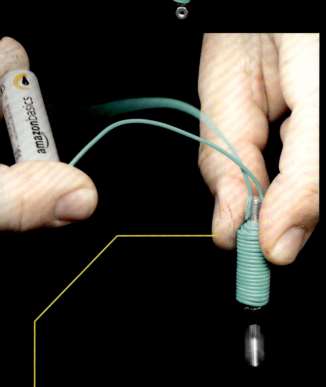

我的手指有点脏，抱歉。

▷ 这种钻机是用来在工字钢上钻孔的，那些工字钢很大，既不能放在钻床上（或者放在建筑里已安装的位置）进行处理，也无法用手持式钻机在上面钻孔。该钻机用一个强力电磁体将自身紧紧地吸附在工字钢上，操作人员通过旋转手柄操作钻头。

左侧按钮的功能是打开或关闭电磁体的电源，也可以进行消磁。

右侧按钮的功能是打开或关闭钻头的电源，以及改变钻头的旋转方向。

从底部可以看到电磁体中的铁芯。为了防止铜线圈受潮或受到物理损坏，它被一种灌封化合物保护了起来。

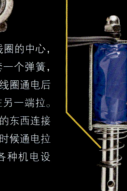

▷ 如果你将一根铁棒穿过线圈的中心，再在铁棒伸出线圈的一端套一个弹簧，那么就得到了一个螺线管。线圈通电后变成电磁体，它会把铁棒往另一端拉。这很有用，你可以将你喜欢的东西连接到铁棒末端，然后在需要的时候通电拉动它。螺线管广泛应用于各种机电设备中。

这个弹簧使铁棒初始时远离线圈。

随着线圈通电，铁棒被拉往线圈的另一端，并压缩弹簧。

▷ 如果用螺线管移动电气开关的触点，你就得到了一个所谓的继电器。这样，你就可以用一个电信号控制另一个电信号。例如，当线圈通电时，若电路准备向另一台设备提供更高的电压或更大的电流，那么可以通过调整触点将整个电路接通。同样，你也可以通过操作线圈断开触点，切断电路。

活动触点正在与上方的触点接触。

◁ 线圈未通电时，活动触点被右侧的弹簧固定在上方。

▷ 在更复杂的设备中，一个螺线管可以控制多个触点，或者两个螺线管一起工作来存储某些信息。这种复合型继电器可以锁定以下两种状态之一：当左边的螺线管被暂时激活时，触点被锁定为一种状态并保持不变；当右边的螺线管被激活时，触点则会被锁定为另一种状态。换句话说，即使没有电流流过，这个装置也可以"记住"哪一个线圈最后被激活。实际上，该装置存储的是 1 位信息。如果将许多这样的继电器连接在一起，就可以构建一台完整的计算机，它通过接通和断开继电器触点进行计算。事实上，在 1930 年到 1950 年间，使用这样的继电器是制造计算机的主要方式，之后才开始使用真空管和晶体管。它们都像继电器一样，用一个电信号来控制另一个电信号，但它们比继电器更加快速、可靠、省电。

现在活动触点与下方的触点接触。

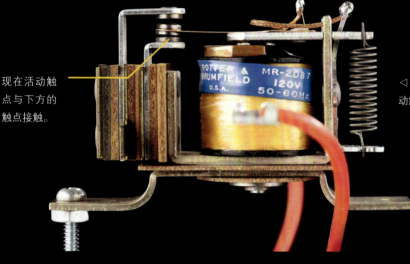

◁ 线圈通电后，活动触点被往下拉。

这个装置产生闭锁效应。

触点可以被锁定在左边或右边，连接两个不同的终端。

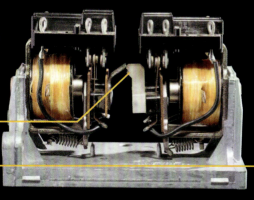

这个可以自由移动的磁棒是继电器能够锁住触点的关键。如果线圈从一个方向通电，磁棒和上方的圆盘会被向下拉，磁棒进入铁芯内部。上方的圆盘将铜环向下压，铜环上的触点板的触点与下方的触点接通，继电器动作。当电流被切断时，磁棒的吸力阻止铁芯向上运动，使继电器保持此前的工作状态。

而如果线圈从相反的方向通电，铁芯依旧会受到拉力作用，带动铜环向下运动，继电器依旧保持断开状态，但磁棒会受到通电线圈的磁场的排斥，所以它并不会向下插入铁芯。当电流被切断时，上方的磁棒吸引铁芯向上移动，断开触点和终端的连接，继电器切换为闭合状态。

△ 令人困惑的是，在汽车生产和维修领域，人们经常用"螺线管"这个词指代继电器。如果修理工告诉你需要一个新的启动螺线管，他实际上是在说你需要一个新的继电器。上图展示的是一个很酷的小型闭锁继电器。我不得不将它从女儿正在修理的房车上换下来。如果你从一个方向上给线圈通电，那么触点会闭合。此后，即使你切断电流，触点也会始终保持闭合状态。而如果你改变电流方向（磁场的方向也将会改变），那么触点将断开。在电流再次切断后，触点仍保持断开状态。这样一来，你仅通过线圈中的一个脉冲电流就能操控继电器，之后它将保持原来的开关状态，而线圈无须消耗能量。

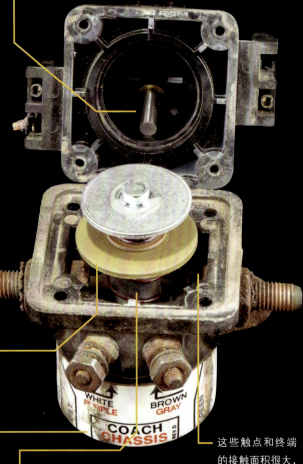

这个带触点的铜环作为触点板，当它被铁芯上边的圆盘下压至左右终端上时，建立起触点与终端之间的连接，继电器动作。

当继电器线圈从任何一个方向通电时，它都会吸引铁芯，带动触点板向下运动。无论线圈磁场的指向如何，铁芯都会被通电线圈的磁场吸引。

当线圈通电时，铁芯插入线圈中并被继续向下拉。

这些触点和终端的接触面积很大，因为它们要用来承载大至 100 安培的电流。

从电磁体到电动机

在学习了电和磁的基础知识后，我们终于可以把目光转向电动机的制造了。接下来，我们将从用导线缠绕铁钉做成的线圈开始介绍。

如果我们让线圈通电并靠近一个普通的铁块，那么不论电流向哪个方向流动，铁块都会被线圈吸引。如果我们让带电线圈靠近一个磁体，那么磁体可能会被吸引，但也可能会被推走，这取决于线圈和磁体相对的那一端的极性。线圈的北极会排斥磁体的北极，但会吸引磁体的南极，反之亦然。如果我们在桌面上将一个可旋转的磁体放在线圈旁边，并将线圈与一个可改变电流方向的开关连接在一起，就可以让线圈交替吸引磁体的两端。

讲到这里，你已经可以大致想象该装置是如何变成电动机的了。我们来回切换电流方向，让磁体持续前后翻转。如果时机恰到好处，磁体就会开始一圈圈地旋转。接下来，我们需要将这个过程自动化。

随着电流从左侧的正极向右侧的负极流动，磁体的北极被通电线圈所吸引。

当电流改为从右侧的正极向左侧的负极流动时，被通电线圈所吸引的是磁体的南极。

最简单的电动机

自动切换电流方向最简单的方法是切换磁体和线圈的状态。这里我们使用一个固定的磁体搭配一个可以旋转的线圈，而非一个固定的线圈和一个可以旋转的磁体。同时，用一对被称为换向器的滑动电触点适时改变电流的方向。

你仅用一个线圈和一个磁体就能制造一台电动机，但更常见的做法是使用几对磁体和线圈，因为这样可以使电动机具有更好的性能，运行起来更加平稳。下面的这台电动机有两对线圈和磁体，它们分布在电动机两侧。两个磁体的位置固定，而两个线圈安装在可旋转的中心轴上。你也可以根据自己的喜好，增加线圈和磁体的数量。有些电动机周围有100对线圈和磁体，甚至更多！

在各种电动机模型、展品以及用来展示电动机工作原理的教具中，下图中的这种布局很常见。但是，你会发现没有一台真正的电动机完全以这种方式工作，因为当两个线圈正好对准两个磁体时，会出现止点。如果电动机停在止点时通电，那么两个方向上的合力都为零，电动机也就不会启动。更糟糕的是，每当线圈经过止点时，下方的两个电刷将短暂接触开口环接触片的两侧，导致两个电刷短路。其实，有一个模棱两可的解决方案：将线圈数量从两个换成三个。我们将在下一页中看到这个方案。

这些触点引导电流通过铜片向上流经线圈。当转轴旋转半圈后，两个旋转触点的位置就互换了，接着电流开始反向流动。

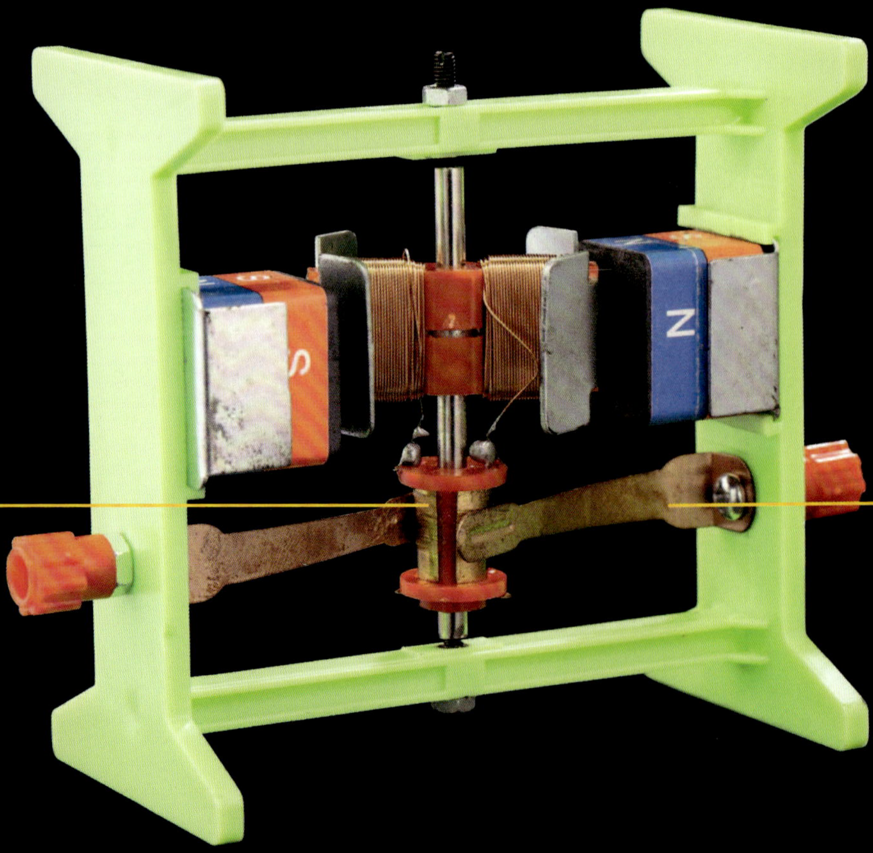

电流流经的这两个铜片叫作电刷。电刷具有一定的弧度，能够轻轻压在旋转的部件上，它们连同所接触的触点一起构成换向器。

最简单而又出色的电动机

正如爱因斯坦的名言所说，你应该把事情做得尽可能简单，而不是过于简单。

前面介绍的电动机带有两个线圈，它有点过于简单了。如果你再加上一个线圈和一个触点，神奇的事情就会发生了。3个线圈和3个触点可以避免出现止点，也可以避免任何由触点造成的短路现象。该方案保证了电动机在通电时能成功启动，并始终向同一方向持续转动。

3个触点确保了每个线圈都有正确的通电方向，从而持续推动电动机运转。电流被巧妙地分成两路，其中一路流经单个线圈，而另一路则流过另外两个线圈组成的串联电路。你可以把这3个线圈的分布想象成一个三角形：三角形的每条边对应3个线圈中的一个，每个顶点是3个触点之一。如果你在三角形的两个顶点上施加电压，而不连接第三个顶点，那么电流就会流经这两路中的一路。

我不知道这种方案是由谁设计的，但我敢肯定他发现这种排列方式存在切实可行的那一刻一定是一生中最满足的时刻之一。这种方案的特点并不明显，但它的确存在，而且你可以在今天世界上运行的数以亿计的电动机中找到它。这种电动机不是最复杂和最有效的，但它是迄今为止制造成本最低的。总的来说，它的效果非常好。

▽ 这台电动机的3个线圈的排列方式呈三角形，电压同时加在位于三角形的两个顶点的触点上。电流分两路：三分之二的电流沿着三角形的一条边流动，其余三分之一的电流则沿着另外两条边组成的串联电路流动。

△ 这个模型展示了三极直流电动机所用线圈、磁体和触点的布局。从小型玩具到汽车启动器，这种电动机随处可见。

△ 这是我的电动机模型，你可以看到线圈的缠绕方式。两个电刷与3个旋转触点接触，每个触点都位于两组线圈之间。

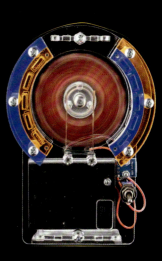

这种型号的换向器有两个电刷，却有3个旋转触点，每个线圈对应一个触点。

三极电动机的电流流动模式很巧妙，各个部分能够微妙地配合在一起，使 3 个线圈总是以正确的极性和方向推动转子旋转。这一切是如何做到的呢？直到设计制作了这个模型，之后又把玩了几分钟，我才真正理解它，然后一切就都说得通了。让我们一起来看一看。

这个模型有着与真正的电动机相同的换向器和电刷，但它没有线圈，而是有三对红色和蓝色的 LED 灯。LED 灯在给定时刻通过灯光的颜色显示北极（红色）和南极（蓝色）的位置，从而表示线圈产生的磁场的方向。外部的 LED 灯十分重要，因为它们位于线圈末端，靠近外部的永磁体。

LED 灯也会显示电流在三角形绕组中的流动路线，展示出电流是直接从换向器的一个触点穿过线圈流到另一个触点，还是流经两个相互串联的线圈。

如果你快速旋转这个模型，所有的灯光会混合在一起，形成的

▷ 请你看着右边的示意图，眼睛跟着电流的方向转动。电流从红色电刷处进入，此时红色电刷正与换向器指向左下方的触点接触。右侧的绿色电刷正与指向右侧的触点接触。在这两个触点之间，电流分成两路，其中一路直接流经线圈 1，另一路则流经相互串联的线圈 2 和 3。指向左上方的触点没有碰到任何东西，所以它只是在那里待着，不会引导电流流动。

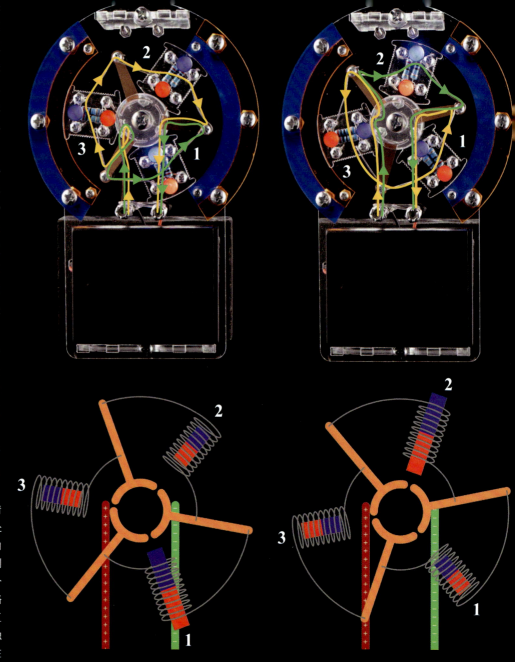

图案会揭示它的
秘密。

　　当一个线圈经过水平位置时，它的极性会颠倒，蓝灯熄灭，红灯点亮。此时，线圈的极性与附近磁铁的极性相同（推开磁铁）。LED灯的亮度在线圈改变极性前后都很低。这是因为在这些时段，LED灯由三角形绕组中流经两个串联在一起的线圈的电流驱动。另一侧的触点一直与同侧的电池保持连接，而同侧的电刷则从一个触点切换到另一个触点。

　　每个线圈在半个转动周期内保持极性不变，LED灯的位置总是外红内蓝。而在这半个周期的三分之一的时间里，LED灯直接连接在电池的两端，通过它的电流大，因此它的亮度高。在这段时间里，线圈产生的强磁场能够驱动电动机旋转。

　　我真的不能夸大这种模式有多么巧妙。无论是谁发明了这个东西，我们都应该奖励他一颗金星。

◁ 请看左边的这个示意图。从这个位置开始，转子再向逆时针方向转动一点，电刷就切换到下一组触点，再次激活3个线圈，但现在线圈2正在全功率运行，而线圈1和3串联运行。由于电流流经线圈3时的方向发生了变化，线圈3的极性也发生了变化。就像有魔法一样，所有线圈的极性再次指向正确方向，以帮助转子持续沿逆时针方向旋转。

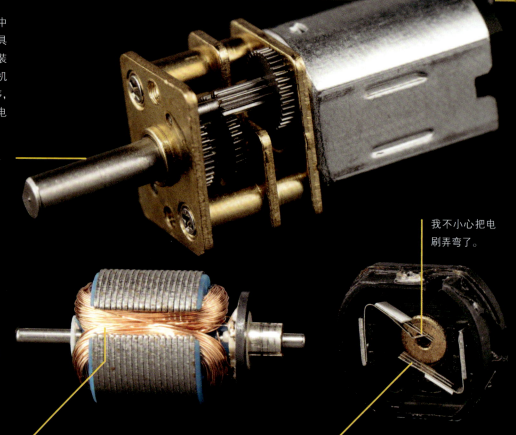

▷ 三极设计在一些小型直流电动机中十分常见，这类电动机广泛应用于玩具和其他需要低压电池的廉价、简单的装置上。我收藏的许多电动机将模型机的演示动作还原成了实际的工作程序，右图所示就是其中一个。这是直流电动机最简单、最便宜的实用设计。

这类电动机在高转速下的运行效率最高。如果你想让传动轴的转速低一些，就需要用一个齿轮箱来减速。传动轴的最终转速约为 100 转 / 分。

我不小心把电刷弄弯了。

这些小线圈是用细如发丝的导线缠绕而成的，导线的外层是绝缘漆。线圈最终连接到换向器的 3 个触点上。

通常电动机的电刷用石墨制成（称为碳刷或炭刷），但这个小型玩具电动机使用的电刷似乎是用黄铜制成的。这意味着电刷会受到摩擦，所以此电动机的使用寿命取决于电刷上的黄铜片何时被磨穿。

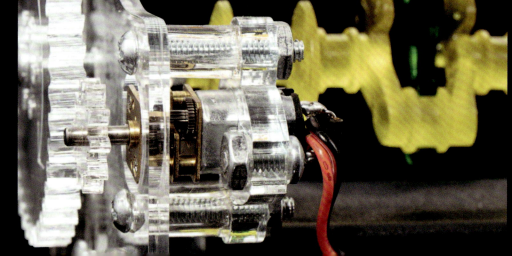

▷ 这是一台玩具电动机，我用它作为一个内燃机模型的启动电动机。真正的汽车启动电动机和这个玩具电动机相似，但前者会用到更多的铜。

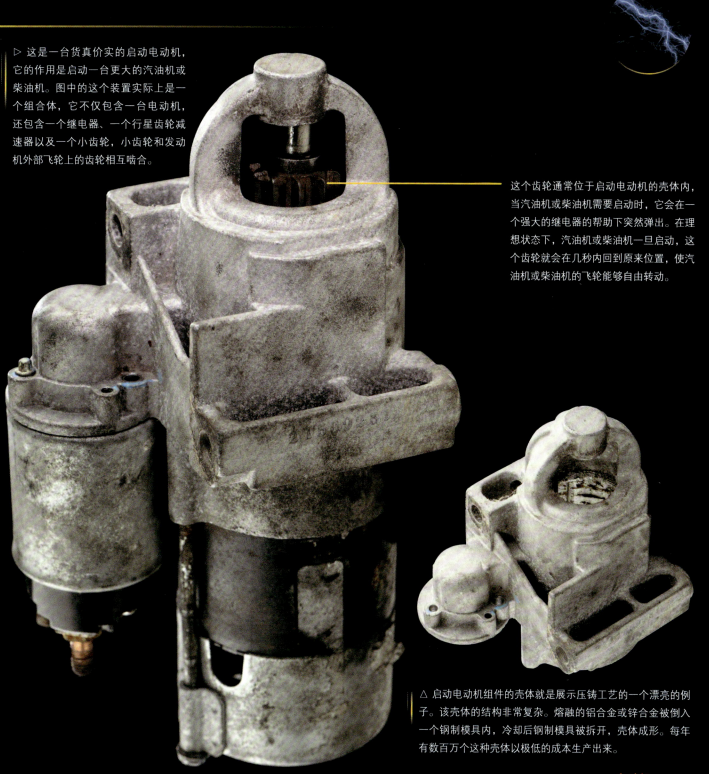

▷ 这是一台货真价实的启动电动机，它的作用是启动一台更大的汽油机或柴油机。图中的这个装置实际上是一个组合体，它不仅包含一台电动机，还包含一个继电器、一个行星齿轮减速器以及一个小齿轮，小齿轮和发动机外部飞轮上的齿轮相互啮合。

这个齿轮通常位于启动电动机的壳体内，当汽油机或柴油机需要启动时，它会在一个强大的继电器的帮助下突然弹出。在理想状态下，汽油机或柴油机一旦启动，这个齿轮就会在几秒内回到原来位置，使汽油机或柴油机的飞轮能够自由转动。

△ 启动电动机组件的壳体就是展示压铸工艺的一个漂亮的例子。该壳体的结构非常复杂。熔融的铝合金或锌合金被倒入一个钢制模具内，冷却后钢制模具被拆开，壳体成形。每年有数百万个这种壳体以极低的成本生产出来。

△ 启动电动机不是很大，只有大约 15 厘米长，但它能在几秒内产生很大的电流 (200 安培或更大)，并提供足够大的扭矩来启动一台大型汽油机或柴油机。这个在 12 伏特电压下输出 200 安培电流的启动电动机的功率为 2400 瓦，但它只会工作几秒。

这台电动机的一切都是为了处理巨大的电流而设计的。碳刷与转子建立起了滑动电气连接，它们比较厚宽，而且分成独立的两对。这台电动机本来只需要一对碳刷，但两对碳刷允许两倍的电流通过。

由一根根铜丝编织而成的导线负责将电流输送至碳刷，它的直径大约为 5 毫米。和铜丝相比，它实在太粗了。

线圈弹簧将碳刷紧紧地压在换向器的触点上，这会产生很大的摩擦，但与电动机的扭矩相比，这点摩擦根本不算什么。压力使碳刷与触点的接触更加可靠，有助于处理流经的大电流。

▷ 最早的大型电动机可以追溯到 100 多年前的有刷直流电动机，它的构造与我们在前文中介绍的基本相同。此后的几十年间，城市里都有直流配电系统，专门为这类电动机提供直流电。我们将在后文中看到，由于一些原因，电动机的主流变成了交流电动机，许多大型工业电动机在很久以前就淘汰了电刷，改用新型设计。

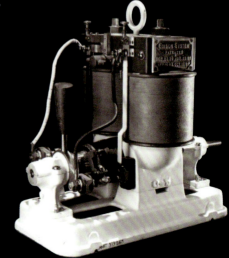

让各个线圈都完全一样是很困难的。线圈之间总会有一些细微的不同，这使得转子无法很好地保持平衡，在高速旋转时会产生震动。为了解决这个问题，每台电动机都要经过单独测试，一些槽位上的材料会被有意切除。这种做法很像汽车轮胎的动平衡调整——在轮辋上适当增加一些重物。

线圈由粗铜线绕制而成，能够在短时间内承载 200 安培电流。这些线圈上涂有一层绝缘漆，被固定在合适的位置。转动转子的磁力由这些导线内部的电流产生，往正确的方向推动转子。如果导线松动，它们就会弯曲并发生摩擦，直到绝缘层磨穿，最终导致电动机短路。因此，用绝缘漆固定线圈的方式比其表面上看起来更重要。

去掉碳刷后，我们可以看到这些铜制滑动触点。铜是很好的导体，但它也很贵。所以，你可以确定处理电流肯定要花上一大笔钱，这是省不掉的。

转子内侧有 4 块强力磁体，它们隐藏在不锈钢外壳内。

▷ 一些重要的电动机使用的电刷都是由石墨制成的。大多数电刷只有约 1 厘米长，而右侧的这个电刷较大。石墨是唯一满足要求的材料，它能导电，无须润滑就能平稳地在金属表面滑动，同时也能承受电火花的高温而不熔化。石墨实际上常用作润滑剂，而且由于耐高温，可用来制作铸造高熔点金属零件的模具。尽管石墨是一种近乎理想的材料，但用其制作的电刷还是会因磨损而需要更换。在使用过程中，这种电刷会产生细小的石墨粉尘，当电刷和换向器触点间产生电火花时，电动机会产生噪声和电气干扰。其实，在有些场合（比如硬盘驱动器内），用石墨制作的电刷就不能使用，因为那里必须保持绝对清洁。

无刷直流电动机

前两页中的有刷直流电动机十分常见，是第一种得到广泛应用的电动机，但这种电动机在电刷方面存在一些问题。

为了使线圈与外部电源之间有牢固的电气连接，线圈需要保持静止。这意味着永磁体需要绕电动机轴旋转。这是没问题的，因为线圈和永磁体的旋转对电动机的工作几乎没有影响，但如果永磁体转动，我们需要以某种方式使线圈内的电流在恰当的时刻换向。也就是说，我们需要找到一种方法来感知电动机轴的位置，并通过对轴的位置的判断来控制线圈中电流的方向。

检测电动机轴的位置有几种方法，最常用的方法是使用霍尔效应传感器。这种传感器被安装在转子附近，并在转子经过传感器时发出信号。该信号通过半导体器件传递给电子控制器，改变通过线圈的电流方向，确保电动机持续旋转。传感器和电子控制器的结合，成功地取代了有刷电动机换向器中的电刷和触点。这种电动机称为无刷直流电动机。

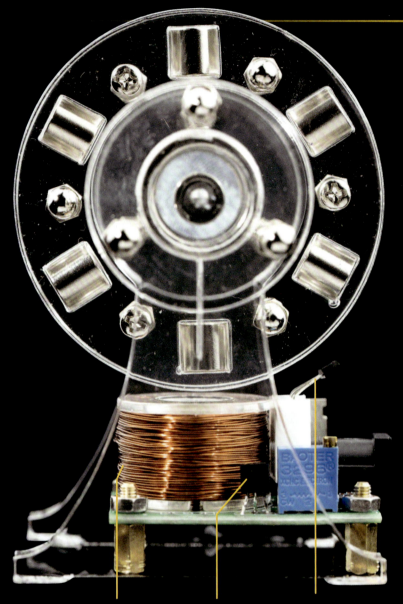

△ 这台无刷直流电动机非常清晰地展示了它的主要部件——固定线圈、旋转磁体以及霍尔效应传感器。

固定线圈对旋转磁体施加力的作用。

一个简单的电路充当换向器，用来改变线圈中电流的方向。

当磁体靠近时，这个霍尔效应传感器会检测到磁场。

▽ 无刷直流电动机常常用在计算机的散热扇上。这种散热扇一般由 12 伏特直流电驱动，可以在没有维护的情况下持续运行几年甚至几十年。这种可靠性可能缘于除了旋转的扇叶和转子之外，散热扇没有其他需要转动的机械部件，甚至连滚珠轴承也没有（电动机的磁体会将转子和扇叶固定在合适位置）。在轴的两端只有非常轻微的压力作用于套筒轴承。从专业角度来说，推力轴承是不必要的，因为扇叶对空气的推力会被磁力抵消。高端散热扇使用的是空气轴承，这种轴承经过精密加工，可以在气垫上无摩擦地旋转。当然，散热扇也没有电气触点，有的是几乎可以永久使用的固态电子元器件（只要它们不会受到较大的电压波动的影响）。

这种便宜的风扇有一个精度相对较低的   霍尔效应传感器。
轴承，该轴承的使用寿命可能只有几年。

◁ 在被更小的存储卡取代之前，CF（Compact Flash）卡在相机和摄像机中使用了很多年。

▽ 当听说这个迷你硬盘的宽度只有 2.5 厘米时，我不相信它内部的元器件会如此复杂。

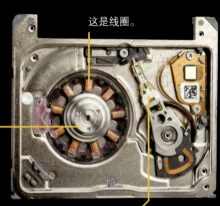

这是线圈。

这个小小的超平铝盘表面涂有氧化铁，它可以高速旋转。

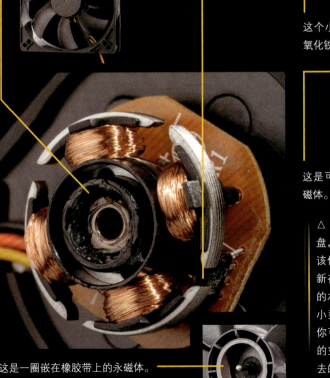

这是一圈嵌在橡胶带上的永磁体。

这是可旋转的永磁体。

正反两面各有一个可前后滑动的传动臂，传动臂上携带磁头，磁头用于读写数据。

△ 这是一个置于 CF 卡内的机械式硬盘，要知道相机用的 CF 卡内本来应该使用固态闪存。这种所谓的技术革新在被完全淘汰前发展到了十分荒谬的水平！的确，在很短的一段时间内，小型硬盘具有更大的容量。而如今，你可以使用高密度闪存芯片。在相同的空间内，这类芯片的存储容量是过去的小型硬盘的上千倍。

△ 计算机磁盘通常使用 5 伏特或 12 伏特电源，但如果把有刷直流电动机放在密封的磁盘里，那就太疯狂了，因为电刷产生的石墨颗粒在几秒内就会毁坏盘面！你可以把电动机放在盘的外面，但转轴必须穿过磁盘，以保持盘片的清洁和安全。实际的解决方案是将无刷直流电动机放置在盘内。

▽ 无刷直流电动机必须有测量转子位置的方法，以便线圈可以适时切换电流方向。霍尔效应传感器的确很常见，但检测位置最精确的方法是使用光轴编码器。光轴编码器上有一个微小的 LED 灯，LED 灯的光束穿过下图带一圈孔槽的轮子，照射到光学传感器上。当轮子转动时，孔槽的移动会遮断光束，我们通过计算光学传感器接收的光脉冲数量，就可以相当精确地确定转子位置。对于那些用于调整功率以控制电动机旋转的控制器来说，这种方法也十分有效。光轴编码器只能计算转子的相对运动，所以我们还需要确定开始计数的起始点。这个起始点通常由一个独立的限位开关记录，当转子上的某个点转完一圈经过限位开关时，它就会告诉控制器开始计数。

△ 相机镜头同样是一个你不想使用有刷电动机的地方。图中这些微小的无刷直流电动机负责在各种镜头内执行聚焦和光圈调整功能。

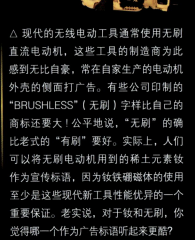

△ 现代的无线电动工具通常使用无刷直流电动机，这些工具的制造商为此感到无比自豪，常在自家生产的电动机外壳的侧面打广告。有些公司印制的"BRUSHLESS"（无刷）字样比自己的商标还要大！公平地说，"无刷"的确比老式的"有刷"要好。实际上，人们可以将无刷电动机用到的稀土元素钕作为宣传标语，因为钕铁硼磁体的使用至少是这些现代新工具性能优异的一个重要保证。老实说，对于钕和无刷，你觉得哪一个作为广告标语听起来更酷？

▷ 这是一台有趣的玩具电动机，它将光轴编码器与太阳能电池相结合。它利用了太阳光和与线圈连接的太阳能电池，而非光学传感器和 LED 灯。该电动机用遮光片作为开关来接通和断开电流，而不使用机械换向器和电子控制器。当电动机运转时（明亮的太阳光能让电动机快速运转），黑色的楔形遮光片交替挡住两块太阳能电池，每块电池都与一个独立的线圈连接。线圈通电后就成了一个磁体，每一个线圈总是在另一个线圈断电前开始工作，所以电动机可以一直运转。这种设计没有用到换向器、电子控制器、电气触点，而只用到了固定连接线圈的太阳能电池。只要有太阳光，它就会一直运转下去！

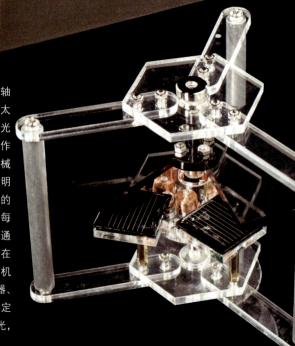

▷ 相对于刚才介绍的太阳能电动机，这台电动机更为简单。它没有用到遮光片，而是将太阳能电池直接安装到转子上。这样一来，当电动机转动时，两块太阳能电池就会交替受到太阳光的照射。太阳能电池与转子中的线圈直接相连，整个电动机没有换向器、控制器和电气触点。

太阳能电池能够吸收阳光并将其转化为电能——仅在它面朝太阳时。

流经这些线圈的电流都对应着正面朝太阳的太阳能电池。

永磁体产生磁场，使线圈推动转子旋转。

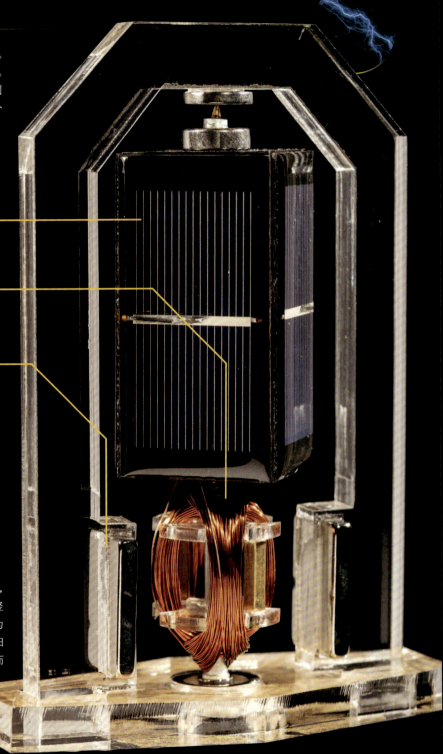

△ 这种水平放置的太阳能电动机是著名的门多西诺电动机，它是在加利福尼亚州的门多西诺诞生的。它和右侧的这台竖直放置的电动机完全一样，只是不符合我的教学目的，因为它的线圈隐藏在机身里，我们无法看到线圈以及它们与太阳能电池连接的方式。普通的滚珠轴承运动时会产生摩擦，而这些太阳能电动机全部采用磁悬浮轴承。这种电动机十分脆弱，它们几乎无法持续运转，更别说承受有效载荷了。这并不是说太阳能电池不能产生足够的动力，而是对于这台小小的电动机而言，我们还需要很多东西。

交流电动机

还记得我们在这一部分开头的类比吗？我们把电流在导线中的流动比作水流在管道中的流动。到目前为止，我们一直在讨论直流电，直流电总是朝同一个方向流动。

水流的类比很适用于直流电，因为管道内的水流也总是朝同一个方向流动。但有这么一件事，你可以用电做到，却无法用水做到，那就是每秒多次改变电流的方向。这就涉及所谓的交流电，墙壁上的插座都使用交流电。

在美国，常见的家用电源是每秒来回切换 60 次的交流电，在其他国家也会用到每秒切换 50 次的交流电。飞机内部的电力系统标准为每秒切换 400 次。

你可能已经注意到，到目前为止关于直流电动机的大部分讨论集中在各种来回切换电流方向的方法上。换句话说，我们其实是在讨论如何将直流电转化为某种形式的交流电。如果我们从一开始就使用交流电，会怎样呢？这个想法非常好，而且世界上大多数较大的电动机的确是交流电动机。

为了正确理解交流电动机的工作原理，我们需要知道交流电如何产生旋转磁场。

△ 电池提供直流电，其电压几乎一直稳定不变。

△ 在上一小节我们看到的直流电动机中，当触点旋转并在相对位置与直流电源连接时，电流的方向会突然改变，从而在线圈中产生正、负电压交替变化的方波。

△ 家用电源的电压不会突然由正变负，它会沿着一条平滑的曲线变化，这种曲线叫作正弦曲线。

旋转磁场

交流电动机运行的关键是旋转磁场。想象有两个彼此相对的磁体，其中一个与曲柄相连，作为输入磁体；另一个与齿轮相连，作为输出磁体。由于两个磁体的两端相互吸引，所以当曲柄带动输入磁体旋转时，输出磁体会带动齿轮同步旋转。两个磁体彼此没有实际接触，它们依靠磁场相连接。可以说，输出磁体是被输入磁体产生的磁场驱动的。

输出磁体的旋转与输入磁体的旋转同步，二者保持相同的转速。如果齿轮遇到阻力，使输出磁体落后于输入磁体，落后的距离会使输入磁体产生吸引力，将输出磁体向前拉。吸引力会随两个磁体间的距离的增大而增大。

如果齿轮超前于曲柄，那么输入磁体则会将输出磁体往回拉，试图让它慢下来，使二者同步旋转。在磁力的限制下，两个磁体被捆绑在一起，任何试图让它们的转速不同的操作都会产生一个使它们保持同步的力。

△ 在这个旋转磁场的演示中，这两个磁体通过磁力相互锁定。

△ 输出磁体受到的摩擦使它的转动落后于输入磁体，但二者的转速相同。

△ 如果你试着让输出磁体转得快一点，那么就会有一个力把它拉回来，使二者的转速始终保持一致。

▽ 这是一台实验室用的磁力搅拌器，我用玻璃换掉了原来的铝制外壳，这样我们能看见它的内部，基座上有一个小型电动机负责旋转内部的磁体。我们可以在磁力搅拌器上放置一个烧杯，向烧杯中加入化学物质和一个涂有聚四氟乙烯的条形磁体。随着这台磁力搅拌器内部磁体的旋转，烧杯中的条形磁体受到吸引同步旋转，搅拌烧杯内的化学物质。这种设计的优点是，电动机与烧杯由固体玻璃隔开，而不是滑动密封，因此电动机与烧杯中的化学物质完全分离，保证了设备的安全。

▷ 这是磁力搅拌器内部的磁体和负责转动它的小型电动机。

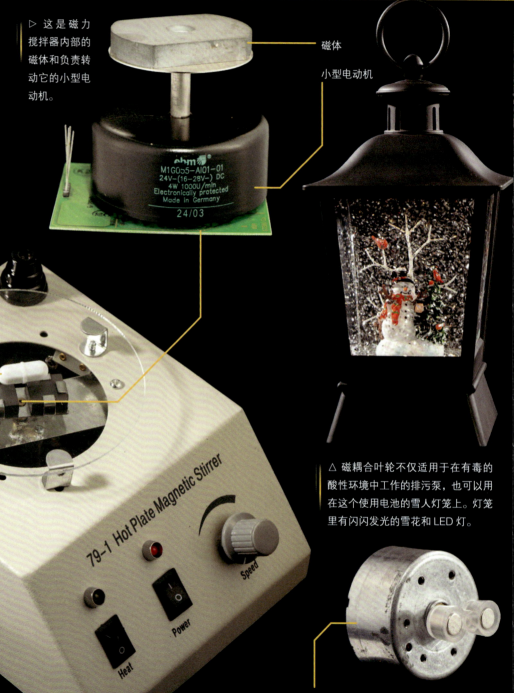

磁体

小型电动机

涂有聚四氟乙烯的条形磁体可以放入盛有化学物质的烧杯中。

在内部旋转的磁体。

△ 磁耦合叶轮不仅适用于在有毒的酸性环境中工作的排污泵，也可以用在这个使用电池的雪人灯笼上。灯笼里有闪闪发光的雪花和 LED 灯。

这台小型有刷直流电动机在基座上驱动一对永磁体。

▽ 磁耦合的想法同样可以用在这样一台泵上（我已将它拆开，以显示其内部结构）。请看下图标注，叶轮（像一个风扇叶片）与电动机没有物理连接。它位于泵壳内，没有任何轴驱动它。一个环形磁体受电动机转子驱动，该磁体与叶轮上的磁体相互吸引，从而锁定并驱动叶轮转动。这种设计的最大优点是电动机的传动轴无须伸进泵壳内驱动叶轮，否则就要用到水密滑动接头，而这种接头就像滑动的电气连接一样古板无聊，毫无乐趣。

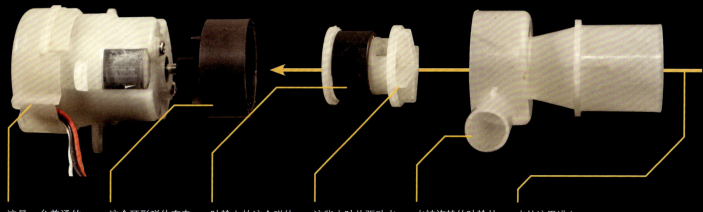

这是一台普通的直流电动机。

这个环形磁体在电动机的驱动下旋转，并与叶轮上的磁体耦合。

叶轮上的这个磁体与电动机驱动的环形磁体发生耦合。

这些小叶片驱动水流经泵体。

水被旋转的叶轮从这个管口排出。

水从这里进入。

▽ 乍一看，这个水泵很像上方的磁耦合叶轮，但驱动它的并不是电动机或旋转磁体，而是一些线圈。实际上，这是一个无刷直流电动机，其内部有一个安装在永磁体转子和固定线圈之间的杯形塑料部件。这个装置也暗示了一种想法：如果适当安装线圈并为其合理供电，线圈就可以创造一个磁场，该磁场可以驱动附近的环形永磁体旋转。我们将在下一类电动机中介绍这种原理。

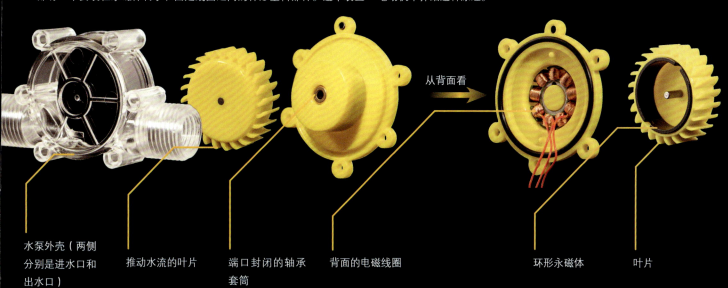

从背面看

水泵外壳（两侧分别是进水口和出水口）

推动水流的叶片

端口封闭的轴承套筒

背面的电磁线圈

环形永磁体

叶片

没有旋转磁体的旋转磁场

正如我们刚才所看到的，用一个永磁体去旋转另一个永磁体十分有效，但这种方法无法用于电动机。如果我们不用旋转磁体，而是用通电线圈做的固定电磁体来创建一个旋转磁场，这个磁场就可以旋转磁体。这样，一台电动机就做成了。我们需要考虑的是来源不同的磁场如何相互作用。如果我们让两个磁体指向同一方向，就会得到一个增强的新磁场；而如果我们让这两个磁体中间形成一个夹角，新磁场就主要位于这两个磁体之间。

为了展示磁场的相互作用，我做了一个如下图所示的装置。装置中心有一个可旋转的永磁体（转子），它的指向始终代表中心磁场的方向。装置外部有两个槽，槽内可插入一个或多个磁体。通过将这些磁体插入或取出，我们可以改变每一个磁体对中心磁场的影响。

当装置内只有一个磁体全部插入时，中心磁场的方向就是这个磁体的方向。如果我们慢慢地插入第二个磁体，装置内的原磁场会开始向着新磁体旋转。一旦新磁体全部插入，磁场就会主要处于这两个磁体之间。如果取出第一个磁体，那么磁场方向就会与第二个磁体的磁场方向相同，相对于初始方向转动了 90 度。我们可以插入第三个磁体来重复这个过程，之后是第四个，然后回到最初的起点。这样，中心磁场就整整旋转了一周。让我们通过 8 幅小图具体看看这个有意思的过程吧！

步骤 1：我们可以看到，第一个磁体南极（S 极）朝内完全插入槽中，中心磁场的方向与这个磁体的磁场方向一致，转子的北极（N 极）受到这个磁体向左的吸引力的作用（第二个磁体此时放在远处，对装置内部没有影响）。

步骤 2：从上方竖直插入第二个磁体，此时这两个磁体都是部分插入且南极（S 极）向内，中心磁场从之前的位置开始沿顺时针方向旋转 45 度。

步骤 3：现在我们移出水平放置的磁体，将竖直放置的磁体全部插入。此时，中心磁场再次沿顺时针方向旋转 45 度。

步骤 4：此时两个磁体都是部分插入，但与步骤 2 不同，我们将水平放置的磁体换了个方向——北极（N 极）朝内。这一操作对转子的北极产生推力，使转子沿顺时针方向又旋转了 45 度。

步骤 1：水平放置的磁体全部插入，南极（S极）朝内，所以绿点位于图的顶部。而竖直放置的磁体移出，所以红点位于中间的水平轴上（零点）。

步骤 5：水平放置的磁体全部插入，北极（N极）朝内，所以绿点位于图的底部。

▷ 我对每一步中磁体的位置进行整理，得到了这幅图。每对点的下方都有一幅小图，它们对应不同时刻磁体的位置。其中，绿点代表水平放置的磁体，红点代表竖直放置的磁体。我为什么要制作这幅图呢？在下一页中，你会得到答案。

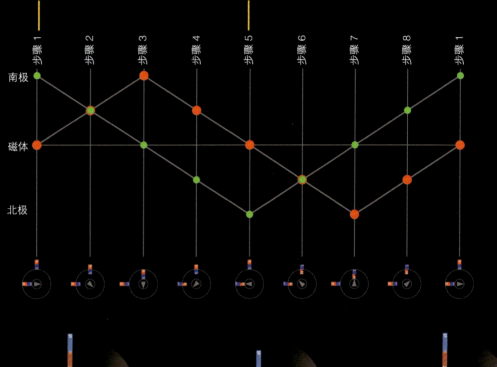

步骤 1   步骤 2   步骤 3   步骤 4   步骤 5   步骤 6   步骤 7   步骤 8   步骤 1

南极

磁体

北极

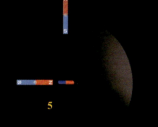

5   6   7   8

步骤 5：现在的状态有点像步骤 1，水平放置的磁体全部插入，竖直放置的磁体移出。但与步骤 1 不同的是，此时水平放置的磁体北极（N极）朝内。转子的南极（S极）受水平放置的磁体北极的吸引而继续转动，此时转子相对于步骤 1 已经旋转了 180 度。

步骤 6~8：以此类推，重复以上过程，就可以使转子旋转一周，最终回到步骤 1 的位置。

最终，电动机做好了

在前面的介绍中，我们通过移动周围的磁体使转子旋转。但别忘了，我们想实现的是用通电线圈代替永磁体，然后通过改变电压来改变线圈的磁场。

我们可以通过接通和切断电流来制造一种粗糙的电动机，但也许能做得更好。试问，我们能否制造一个平稳转动的旋转磁场呢？如果你能回想起我们在介绍蒸汽机时提到的正弦、余弦曲线，那么答案将是肯定的。

正如我们之前学过的，循环运动可以分解为 x 轴方向和 y 轴方向上的两个正弦波，这两个正弦波的相位相差 90 度。由于磁场看不见、摸不着，因此我制作了一幅图，用箭头表示每个线圈生成的磁场方向，指针表示中间的组合磁场的方向。

这幅图表明，如果你按正弦波模式分别施加两个相位差为 90 度的电压，转子将会旋转。这样的装置称为两相交流电动机。

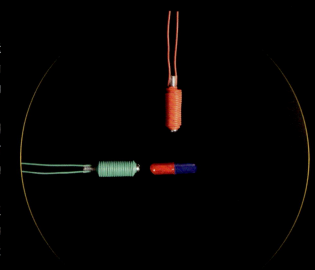

△ 这个模型有一个用永磁体制成的转子和两个夹角为 90 度的线圈。

▷ 我在前一页图表的基础上叠加了平滑的正弦波。下面的小图显示，两个磁体的磁场叠加后，形成的中心磁场可以连续转动，且强度保持不变。

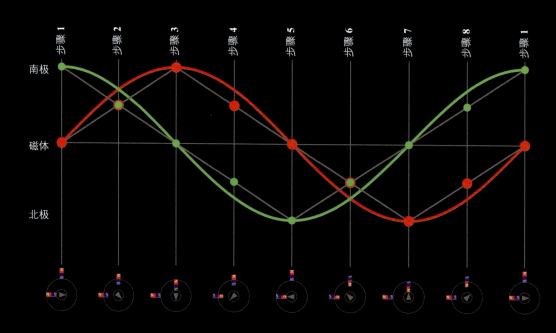

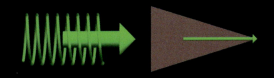

△在前面例子中的步骤 1，水平放置的磁体完全插入，而竖直放置的磁体移出，用线圈代替磁体后，相当于在水平放置的线圈上施加全部电压，而竖直放置的线圈上没有电压。指针受此时唯一存在的水平磁场的影响，指向右侧。

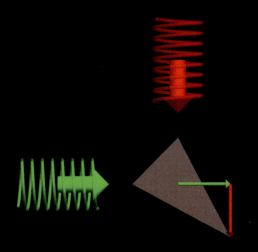

△两个磁体都插入一半，相当于在两个线圈上都施加部分电压。指针的指向是由红绿两个箭头确定的。

尼古拉·特斯拉是世界上最杰出的发明家之一。人们经常把他和托马斯·爱迪生联系在一起，两人就配电方式争执多年。特斯拉主张在配电时使用交流电，而爱迪生更钟爱直流配电。特斯拉在很多方面都是正确的，交流电几乎在任何方面都比直流电好。他也很聪明，有很多重要发现，但他的电动机在当时并不是最好的。

特斯拉设计了一种与前面介绍的差不多的交流电动机，两个线圈的相位差为 90 度。这种两相电动机工作得很好，但它永远赶不上我们接下来要了解的三相交流电动机。事实证明，虽然从两相到三相的变化让人一开始有些摸不着头脑，但三相交流电动机确实具有几个巨大的优势。

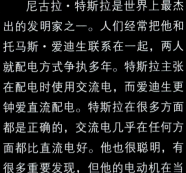

△ 尼古拉·特斯拉在 1887 年设计并制作了一台两相交流电动机。这种电动机能够成功运转，但它并不是未来的主流电动机。

△ 米哈伊尔·多利沃 – 多布罗沃利斯基可能没有特斯拉那么帅，但他在 1888 年设计出了三相交流电动机，之后又发明了一个包括三相交流发电机、电力线和三相交流电动机在内的完整系统。正是米哈伊尔发明的这种系统接管了整个世界。

真正的宝贝：
三相交流电动机

下面介绍的电动机有 3 个线圈，而非两个。3 个线圈位于同一个圆面内，互相间隔 120 度。这种排列意味着有 3 个磁场一同工作，还有 3 个按正弦波变化的电压，它们的相位差均为 120 度，最终产生了中间稳定旋转的磁场。

既然都能产生稳定的磁场，为什么这种方法比用两组线圈和两个正弦波好呢？原来，增加一个额外的线圈会让磁场的旋转更加稳定。实际上，相对于两相和单相的设计，三相交流电动机真正的优势是用更少的铜线输出更大的动力。

要绘制一幅准确地表示三相交流电动机中磁场工作原理的示意图，实在很困难，但我已经尽力了。我用红、绿、蓝 3 种颜色表示 3 个线圈，每个线圈上都施加有不同的电压。图中的红、绿、蓝 3 条曲线对应 3 个线圈的电压变化情况。我用一个灰色的大箭头代表所有线圈共同产生的中心磁场的方向，并在大箭头上用红、绿、蓝 3 个小箭头表示各个线圈的贡献。

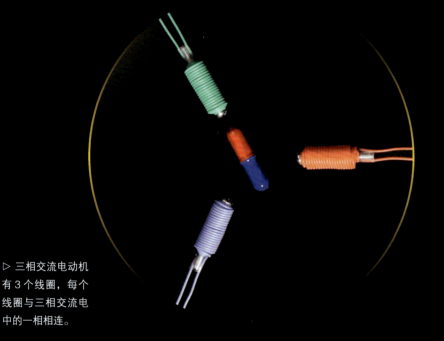

▷ 三相交流电动机有 3 个线圈，每个线圈与三相交流电中的一相相连。

▷ 在三相交流电力图中，纵轴代表电压，横轴代表时间。在美国，电压通常是 208 伏特，周期是 1/50 秒或 1/60 秒（视你所在的国家而定）。3 个正弦波的模式很特殊，因为尽管这 3 个磁场的强度不断变化，但在每个位置上，合成磁场的强度是完全相同的。只有用这种方式排列正弦波，才能让合成磁场既按照恒定的速率旋转，又能始终保持恒定的强度。

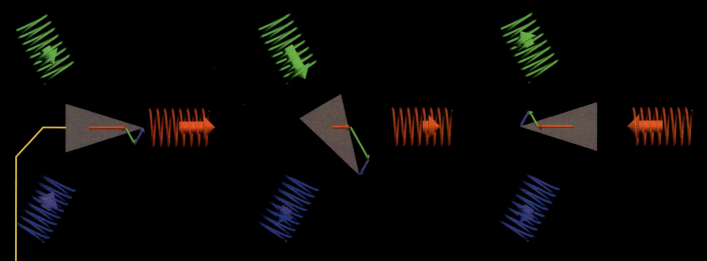

步骤 1: 在每个周期的这一点上，红色相位对应最大电压，所以红色磁体将中心磁场向右拉。绿色和蓝色线圈从相反的方向通电（它们的磁场指向内侧而不是外侧）。请注意，绿色和蓝色线圈此时一同作用，使中心磁场指向红色线圈。

步骤 2: 接下来的情况变得更加复杂。3 个线圈的电压没有同时达到最大值，但它们叠加在一起时，形成的中心磁场指向红色线圈和蓝色线圈之间。请注意，灰色大箭头所代表的中心磁场由 3 个小箭头代表的磁场叠加而成。

步骤 3: 当这台电动机旋转至每个周期的一半时，红色线圈中的电压再次达到最大值，但通电方向相反，红色箭头指向内侧。绿色和蓝色线圈的磁场同样再次叠加，以与红色线圈相同的方向使中心磁场指向左侧。

1   2   3

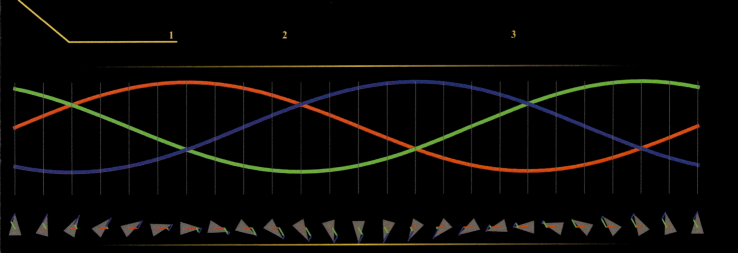

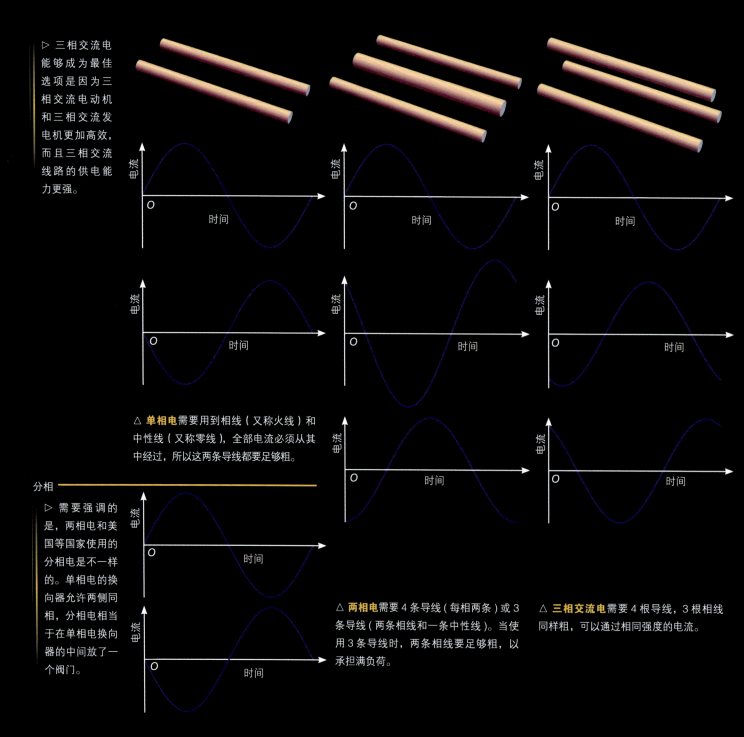

▷ 三相交流电能够成为最佳选项是因为三相交流电动机和三相交流发电机更加高效，而且三相交流线路的供电能力更强。

△ **单相电**需要用到相线（又称火线）和中性线（又称零线），全部电流必须从其中经过，所以这两条导线都要足够粗。

分相

▷ 需要强调的是，两相电和美国等国家使用的分相电是不一样的。单相电的换向器允许两侧同相，分相电相当于在单相电换向器的中间放了一个阀门。

△ **两相电**需要 4 条导线（每相两条）或 3 条导线（两条相线和一条中性线）。当使用 3 条导线时，两条相线要足够粗，以承担满负荷。

△ **三相交流电**需要 4 根导线，3 根相线同样粗，可以通过相同强度的电流。

三相交流电动机的有趣应用

使用永磁体转子的三相交流电动机是最紧凑、最强大的电动机之一，但这类电动机存在一个潜在的缺点——它们的运行必须与输送的交流电频率同步。

如果电力来自电网，那么三相交流电动机只能以一个固定的转速运转。为了规避这个问题，你可以试着用电池（如无人机或电动汽车上的电池）产生所需的三相交流电。在现代大功率半导体器件的帮助下，你可以制作一个非常小的控制盒，并且可以任意选择频率。这使得三相交流电动机不再以固定转速旋转，而是以十分精确且可控的转速旋转。与直流电动机不同的是，改变三相交流电动机的转速时，你不再需要调整功率，而仅通过改变三相交流电的频率就可以实现。这样一来，电动机在任何转速下都能以最大扭矩（转动力）运行，而且几乎可以立刻改变转速——这关乎能否精确地控制电动机所驱动的设备。

现代四旋翼无人机的制造得益于4个要素。首先，使用超强的钕铁硼磁体制作转子，这使得电动机轻盈且性能强大。其次，大功率半导体器件能够有效地产生三相交流电。再次，低功耗的高速微处理器实现了复杂的实时反馈环路，使无人机能稳定飞行。最后，轻便的锂聚合物电池能够存储足够的电能，让无人机的续航能力得到保证。

当无人机在湍流中飞行时，每个旋翼必须在几毫秒内对不断变化的环境情况做出反应。传统的直流电动机不够强大，不能特别快地加速和减速。三相永磁电动机的应用则是完美的解决方案。

这些电动机使用较粗的导线，其功率可见一斑。尽管电动机直径不足5厘米，但这些导线足以承载数十安培电流。

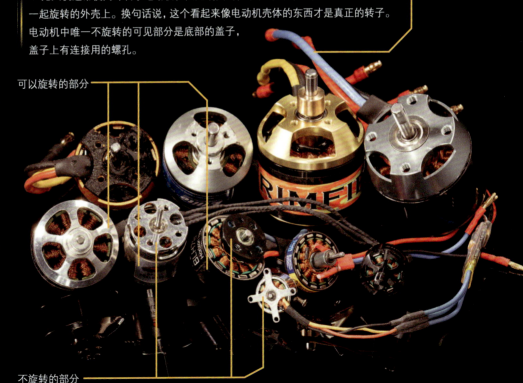

▽ 无人机通常使用外转子电动机，固定线圈则位于机身内部。永磁体安装在与轴一起旋转的外壳上。换句话说，这个看起来像电动机壳体的东西才是真正的转子。电动机中唯一不旋转的可见部分是底部的盖子，盖子上有连接用的螺孔。

可以旋转的部分

不旋转的部分

▷ 将这台外转子电动机拆开后，我们可以看到其内部的线圈。这台电动机被螺栓固定在无人机上，其内部有 12 个线圈。在可旋转的外壳内侧，有 14 个强力的钕铁硼磁体。这种构造比我制作的模型更复杂，但它们的工作原理相同。12 个线圈分成 3 组，每组包含 4 个。这些线圈产生的旋转磁场由三相电源驱动，将强力磁体拉到自身附近。该电动机的功率来自流经线圈的大电流与永磁体的组合。

这是转子。

这是镀有镍的钕铁硼磁体。

线圈中的粗导线能够承载大电流。

这是大疆 DJI Mavic 无人机上的外转子电动机。

拆下大疆 DJI Phantom 无人机的螺旋桨后，你可以看到支架是如何与外转子电动机的壳体连接的。

△ 高性能遥控模型通常使用内转子三相永磁电动机。这类电动机的性能与外转子电动机的基本相同，只不过里外颠倒过来了——其转子通常在内部。

◁ 考虑到制作模型电动机的预算有限，我们可以使用这些传统的有刷直流电动机。这些电动机不仅更便宜，而且不需要花哨的控制器产生三相交流电。它们的速度可以通过改变电压来控制，这种方法比较粗糙，不能满足无人机所需的高精度控制要求。

▷ 钕铁硼磁体的吸引力非常强大。当我把右图所示的外转子电动机放回原处时，机身上的污渍和其他东西让我感到恶心。钕铁硼磁体对铁芯的吸引力很大，它们会以相当大的力量互相吸引并发生碰撞，我无法将它们掰开。

△ 大功率重量比的电动机让无人机的飞行成为可能。上图展示了一架人力飞机，它是用来探明人是否有足够的功率重量比成为飞机的发动机的。答案是肯定的，只不过有两个条件需要满足：驾驶员非常强壮，飞机很轻盈。图中的这架"游丝秃鹰号"人力飞机由竞速自行车手布赖恩·艾伦驾驶，进行了破纪录的飞行。这架飞机基本上由塑料和保鲜膜制成，重 32 千克——仅仅是飞行员重量的一半！尽管这一成就令人印象深刻，但这是一架有翼飞机，它本身所需的动力比直升机和四旋翼飞行器小得多。

△ 虽然听起来相当荒谬，但人力驱动的四旋翼飞行器的确存在，而且在 3.3 米的高度飞行了 64 秒。但如果将这个纪录和"游丝信天翁号"（"游丝秃鹰号"的升级版，是世界上第一架飞越英吉利海峡的人力飞机）对比，我们不难发现，飞机的效率要比四旋翼飞行器高得多！

关于两辆车的传说

◁ 这辆弗洛肯电动汽车制造于 1888 年，那时还没有实用的汽油车。

△ 使用汽油机的福特 T 型车直到 20 年后的 1908 年才问世。

▷ 一切既是新的也是旧的。轮毂电动机可能是电动汽车中的最新装置，但第一辆油电混合动力汽车（1900 年左右生产的洛纳 – 保时捷）就配备了轮毂电动机。费迪南德·保时捷实际上创建了著名的电动汽车公司。

电动机被集成在车轮上。

电动汽车也许很快就会取代汽油车，但电动机的问世实际上比内燃机早了数十年，甚至在汽油车出现之前就有了电动汽车！在当时的电池技术条件下，电动汽车的续航能力弱得令人难以置信；它们只能勉强穿过一座城市，但不一定能再开回来。

在 19 世纪末 20 世纪初，尽管电动汽车存在电池续航能力差的问题，但它在公路上仍占据主导地位，甚至开创了陆上速度最快的纪录。电动汽车在当时之所以能够成功，并不是因为它本身特别好，而是其替代品真的很糟糕。当时电动汽车的主要竞争者是蒸汽汽车和汽油车，蒸汽汽车在早晨热车需要整整半小时，而彼时的汽油车还没有配备消声器和启动器，运行起来无比糟糕。

当优质的汽油机开始大规模生产时，汽油车的价格不断降低，变得十分亲民。它可以开很远，使用的汽油便宜且方便携带。电动汽车很快就被汽油车的洪流冲走了。然而，如今潮流再次转向，电池和电动机已经很好了，电动汽车的优点十分突出。一旦电池问题被完全解决（我们已经很接近了），没有人会想要其他汽车。

电动机的一个巨大优势是它能够在全扭矩下有效运行，哪怕转速为零也可以，这意味着电动汽车可以从静止状态瞬间启动。而汽油机只能在十分有限的转速范围内良好运行，并且在低速时扭矩会大大减小。除了汽油机之外，汽油车上第二大也是第二贵的部分是变速器，而电动汽车则根本不需要变速器。

汽油车的运行还借助了差速器，差速器可以不同的转速为不同的车轮提供动力。例如，当汽车转弯时，外轮需要比内轮转得更快。虽然许多电动汽车也有差速器，但现在的趋势是使用两台电动机（或者 4 台电动机，每个车轮使用一台）。然后，我们就可以取消电动机和车轮之间的所有齿轮。

理论上，电动汽车甚至可以配备轮毂电动机。轮毂电动机安装在车轮内部。这种布局的明显优点是电动机不会占据汽车内部空间。但是，轮毂电动机有一个不太明显的缺点——增加了"非簧载重量"。汽车设计师们一直在竭力减小没有被减震器承载的重量，因为当汽车颠簸时，这部分重量会影响汽车的操控。轮毂电动机将一部分重量直接转移到车轮上，而车轮没有减震器。这种情况在未来几年会如何发展？我们拭目以待。

△ 在撰写本书时，我还没有一辆正式的电动汽车，但我有这个大宝贝！北京的街道上到处都是这种造型各异的可爱小车。人们不会把它们开得很快或很远，但它们的效率和驾驶乐趣简直令人难以置信。我的工作室离家只有大约 1.6 千米，这让我憧憬着每天开着它上下班。整条路的限速都在 50 千米 / 时以内，而这辆车上电池的容量足够我来回开好几次。所以对我来说，那些速度能达到 160 千米 / 时、续航能力为 640 千米的汽车有什么意义呢？于是，我尝试让市议会修改关于这类迷你车的交通管理条例，甚至还展示照片给他们看它有多可爱。但令人遗憾的是，市议会拒绝了我的请求。因此，它最终只能作为一个免税的研究对象静静地躺在我的书里。

◁ 从下往上看，这辆迷你车的整个动力及传动系统简单得离谱。该系统只是将一台电动机直接连接到差速器上，而电动机安装在一根刚性后轴上。差速器的功能本来可以用另外两台小电动机代替，但目前那种小电动机比差速器更昂贵，所以这款为了便宜而优化的迷你车保留了差速器。在具有类似性能的汽油车中，动力及传动系统通常大很多倍，重达上百千克。

◁ 如果你觉得我的迷你车看起来很傻，那么看看这辆吧！和我的迷你车相比，它至少在街头是合法的，而它的价格是我的迷你车的 5 倍。我们当今所处的时代正在经历技术的巨大革新。没有了内燃机中各种机械装置的限制，人们开始尝试各种各样的新点子。再过几十年，可能这些尝试中的很多看起来十分荒唐可笑，但总会有一部分最终会留下来。

世界联盟

电动机与汽油机、柴油机和蒸汽机组合工作有着悠久的历史。电动机需要电力供应。在理想情况下，电力可以来自太阳能电池、风力发电机、核电站、潮汐动力发电机、地热发电厂等。而实际上，电动机运行所需的电力通常来自燃烧某种燃料的发电机。发电机在后文中会有更详细的介绍，这类装置基本上用于将某种形式的能量转化为电能。

电动机十分清洁和安静，人们乐意让它们在身边运行，即使这意味着远处有一套更大、更吵、正燃烧着燃料的发电设备。想象一下，厨房里的搅拌机直接由一台轰鸣着产生一氧化碳的内燃机驱动，这简直糟透了！让燃烧燃料的发电设备尽可能远离人群是个不错的办法，它们可以位于附近花园的棚子里，也可能远在另一个州。

这台高速蒸汽机正带动一根轴旋转。

发电机将轴的动能转换为电能。

△ 在 1915 年左右拍摄的这张照片中，一台蒸汽机与一台发电机相连，为一家工厂提供电力。

▷ 两个孩子正在修剪草坪。在左侧的机器中，一台汽油机正在驱动一台发电机，发电机通过电线为右侧的红色机壳内的电动机供电，而电动机带动刀片旋转。其实，汽油机完全可以直接带动割草机的刀片旋转，这样只需要一个孩子就行了。实际上，一些机车就是这么设计的。

发电机
汽油机

使用电动机的割草机

动态制动电阻　　粒子滤波器　　　发动机的进气系统　　带中央鼓风机的电控柜　　制动架

发动机冷却装置

内燃机　　　　电池盒　　　　燃料箱　　　　交流发电机

▽ 这两张照片来自 1917 年出版的一本书，展示了一家矿业公司的矿井提升机。该公司用蒸汽机驱动发电机，再用发电机为电动机供电，电动机驱动提升装置将矿石和矿工从矿井中拉上来。人们本可以将蒸汽机直接连接到提升装置上，但在中间加入复杂的电动机有一个深层次的原因：如果让一台电动机转动，它就可以当作发电机使用。矿井内有一个重达 50 吨的飞轮，飞轮同样连接有一台电动机，飞轮通过快速旋转储存了大量能量。提升装置在矿井内下降时，带动与其相连的电动机转动，该电动机此时就变成了发电机，为与飞轮相连的电动机供电。下降的提升装置所释放的势能使飞轮旋转。当提升装置需要重新升起时，与飞轮相连的电动机就变成了发电机，利用飞轮的动能驱动提升装置。而蒸汽机只需提供相对较小的功率，为将矿石运出矿井提供能量，同时也用来补偿因摩擦而损失的能量。

△ 电动汽车常将电动机作为发电机来回收能量，这称为再生制动。回收的能量与其储存在飞轮中，不如用来给电池充电。那么，我们可以按照这个思路制造一台永动机吗？答案是不可以，因为在平地上，从刹车制动中获得的能量永远比不上汽车加速所需的能量。但是，如果你从山顶开始，沿着山坡向下行驶，说不定电池最终的电量比开始时还要多，只不过你指望别只用这些多出来的电量重新把汽车开回山顶。

◁ 典型柴油机车的动力系统与那台搞笑的割草机相似：一台内燃机驱动一台发电机，而发电机又驱动一台电动机，三台机器都位于机车内部。其实，这种布局并不荒谬。虽然内燃机能够很好地旋转割草机的刀片，但应用到火车上，它无法在低速时提供大扭矩，不能让巨大的火车由静止启动。而电动机可以在火车低速行进时产生更大的扭矩。最终，机车采用了发电机、电动机、相关控制系统和电源管理系统来搭配

220 伏特分相交流发电机

四冲程内燃机

△ 曾经有一段时间，我在农场里安装了这台发电机。它由一台功率为 40 千瓦的、汽车大小的四冲程内燃机驱动，而四冲程内燃机以丙烷为燃料。现在回想起来，这

不需要永磁体的电动机

　　为了使电动机运转，我们需要两个相互作用的磁场，但并不一定需要永磁体。这两个磁场可以都来自通电线圈，其中一个线圈固定在框架上，另一个线圈连接到电动机轴上。使用两个线圈有许多优点，但有一个巨大的缺点，那就是如何向旋转的线圈供电。没有电流，线圈只会是一堆无用的铜线。

　　一个常见的解决方案是使用滑动触点，就像前文介绍的直流电动机那样。交直流通用电动机与有刷直流电动机的制造方式相同，只是外部用线圈代替永磁体。想象一下，如果我们用电池的直流电驱动这台电动机，会发生什么？外部线圈会像永磁体一样起作用，电动机会正常转动。如果我们将电池反接，那么将改变内部线圈中的电流方向，从而使电动机反转。但这种反接也会使外部电磁体的极性反转，两次反转意味着电动机的转动方向与原来的相同。

　　这种电动机使用电池作为直流电源，无论电池与电动机是正接还是反接，电动机的旋转方向始终不变。你可以将电池的极性反转无数次，而电动机始终向同一方向旋转。换句话说，这类电动机使用交流电和直流电时的工作原理是相同的！它们的功率大，价格低，但噪声较大，所以它们通常用在吸尘器和其他有较大噪声的家用电器上。

　　如果能够制造出一种既没有永磁体也没有任何滑动电气连接的电动机，那将是一件非常酷的事情。这有没有可能呢？如果没有某种形式的滑动电气连接，我们又该如何将电流传输给转子的线圈呢？好吧，这其实有可能，但是我们要先进入发电机和变压器的内部，来一次深度游，再了解这是如何实现的。

这个换向器与有刷直流电动机中的换向器相同。

这些线圈与有刷直流电动机中的线圈相同。

线圈取代了永磁体。

小插曲

如果要继续讨论电动机，我们需要先简单了解一下发电机和变压器。这些设备与电动机密切相关，只有深刻理解了它们背后的原理，像尼古拉·特斯拉这样的发明家才能制造出我们接下来要介绍的那些非常精妙的电动机。

在目前关于电动机的讨论中，我们一直关注的是线圈中的电流产生磁场这一事实。现在我们来看另一个事实：如果让线圈沿一定方向穿过磁场，线圈中就会产生感应电流。

一种不需要电池的手摇式手电筒是线圈产生感应电流的简单实例。当你摇晃手电筒时，一个磁体会在内部的线圈中来回滑动。当磁体穿过线圈时，线圈内部会产生感应电流，此电流会被输送到前端，将灯泡点亮。

线圈通电时会发生什么呢？它会产生磁场！因此，当磁体穿过线圈时，实际上有两个磁场——一个磁场来自磁体本身，另一个来自线圈中产生的感应电流。事实证明，线圈中感应电流产生的磁场方向与磁体的磁场方向相反，这两个磁场相互排斥。在整个过程中，磁体穿过线圈时需要做功，而这个做功的过程最终为灯泡提供了能量。

也就是说，当磁体经过线圈时，二者会受到看不见的磁力作用而相互排斥，就像两个磁体相互排斥一样。这种现象只有在磁体移动时才会出现，这是因为线圈的感应磁场只有在磁体穿过线圈时才会产生。感应磁场来自线圈中的感应电流，而感应电流又来自磁体的运动。当磁体停止运动时，电流消失，感应磁场也消失，磁体和线圈之间的作用力也就消失了。此外，如果你在线圈旁移动磁体，无论移动方向如何，产生的力始终试图减缓磁体的移动速度。

移动磁场、感应电流以及感应电流在线圈中产生的感应磁场之间的这种相互作用是发电机和变压器工作的基础，也是我们将要讨论的新型电动机工作的基础。

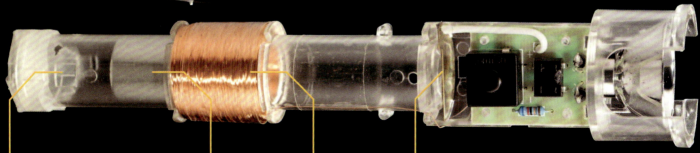

手电筒两端各有一个固定的小磁体，当你摇晃手电筒时，中间的大磁体在这两个小磁体的作用下平滑地来回移动。

这是可来回移动的强力大磁体。

这是用多匝导线绕成的线圈。

电能最好储存在电池中，这样你就不必一直摇晃手电筒了。但是这款手电筒实在太便宜了，没有电池，所以你需要拼命摇晃它。

发电机

▷ 感应电流不仅可以在线圈中产生，在实心金属块中也一样可以。右图中有一个强力永磁体和一块厚铜板。当你让强力永磁体快速靠近或远离厚铜板时，感觉就像穿越糖浆一样奇妙。强力永磁体的运动在厚铜板中感应出的电流会反作用于强力永磁体，这真是一种奇怪的感受。你缓慢地移动强力永磁体时，感应电流较弱，对强力永磁体运动的阻力很小。

这是金属片，它在两侧的磁体之间移动而不接触任何一方。

两侧各有一个这样的磁体。

△ 把这样的秤调整到近乎完美的平衡状态后，它倾向于在某一刻度附近长时间轻微摇摆。为了让秤更精确，需要减小摩擦，如让刀口更锋利，使用超硬材料制造枢轴。这些方法都会让秤摇摆更长的时间。而你最不想做的事情就是增大摩擦力让秤停下来，因为这会阻止它恰好停在应该停的刻度处。因此，这些秤通常会使用磁性阻尼器：横梁的末端有一个金属片，金属片两侧各有一个强力磁体。当秤快速摇摆时，金属片中的感应电流会减缓其速度。当秤停止摇摆时，感应电流将减小为零，从而不影响最终的读数。

△ 我给这根管子取名为慢空间管道。我会告诉人们该管道内充满了"慢空间"，并且可以通过让磁体（我没有告诉他们我用的是磁体）从管道上方掉下来证明。人们期望磁体会快速穿过管道，但实际上它需要很长时间。你可以看着它在管道里缓缓打着转儿慢慢下落，足足几秒后再伸手捡起。这里的秘密还是感应电流。当磁体下落时，它在管道中产生了随它一同下降的环状感应电流。这个环状感应电流总是沿着阻止磁体移动的方向流动。（这个技巧也适用于普通铜管和强力钕铁硼磁体，效果更加戏剧化。）

▷ 手摇手电筒是一种不同寻常的线性发电机。大多数发电机更像电动机，带有旋转的线圈或磁体。实际上，对于许多电动机（包括这种简单的有刷直流电动机）来说，如果你用手转动它们的转轴，它们也可以作为发电机使用。这是因为当你把内部线圈旋转到外部静止的磁体旁边时，感应电流就会产生并通过换向器的触点传输出去。在右图中，当我转动转轴时，这个电动机（实际上，此时它是发电机）点亮了一个 LED 灯。原来负责减缓输出速度的齿轮组现在开始做相反的事，将我的缓慢转动转化为电动机的高速旋转。我将这个电动机与一个双色 LED 灯连接起来，当电流在某个方向上流动时，灯光会变成红色，而当电流反方向流动时，灯光则会变成蓝色。根据我转动电动机的方向，LED 灯会发出红光或蓝光。

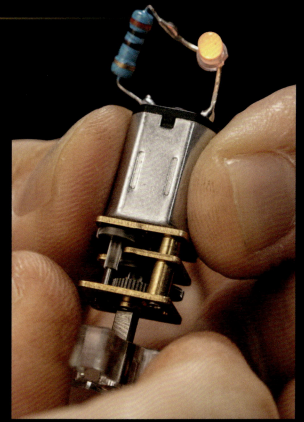

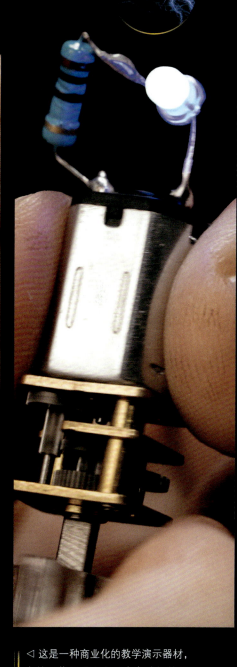

◁ 这是一种商业化的教学演示器材，它的工作原理和上图中电动机的原理相同。

▽ 更大的发电机通常有两组线圈，其中一组线圈固定不动，另一组线圈旋转。如果用外部电源给其中一组线圈输入电流，这组线圈此时就相当于永磁体，并在这两组线圈相对旋转时，让另一组线圈中产生电流。这类发电机和前述的简单发电机别无二致，只是用电磁体（通电线圈）代替了永磁体。这张拍摄于 1920 年左右的图片展示了一台大型发电机（左侧），它正在用皮带驱动右侧的小型发电机。小型发电机反过来通过滑环连接将电流输入大型发电机的转子线圈（也叫转子绕组）中。在大型发电机中，通过的电流将旋转的线圈变成电磁体，旋转的电磁体在静止的线圈中感应出更大的感应电流。这可能看起来像某永动机，但实际上并非如此。流过大型发电机旋转线圈的电流所产生的功率只占总功率的 1%，其余功率来自后面的蒸汽机。

静止的电气
连接部分

旋转的电气
连接部分

碳刷

Revolving Field Alternating-Current Generator

Exciter Belt Drive

Direct-Current Exciter

High Speed Engine

大型发电机   小型发电机   蒸汽机

△ 滑环是一种类似换向器的滑动式电气连接元件，但它没有多个反转电流方向的分段。图中的这个滑环从外部引出 3 个单独的电气通路至内部旋转的电动机轴上（前面的碳刷被我拆掉了，这样你可以更好地看到铜环，而我拆下碳刷之后还把它弄丢了）。在旋转部分中，正面的 3 个黄铜螺栓在内部通过陶瓷绝缘体连接到 3 个铜环上。旋转部分的电气连接通过这些螺栓实现，而固定部分的电气连接则通过顶部的接线柱实现。

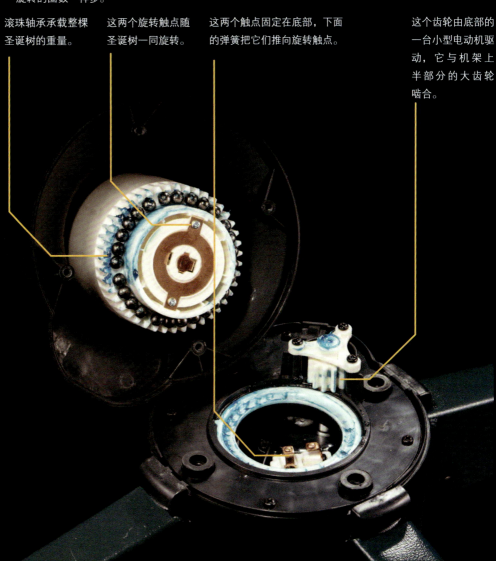

▷ 这个旋转圣诞树机架上有一种铜制滑环，用于向圣诞树上的灯提供电力。金属之间的滑动会产生摩擦，因此在机械设备中人们通常会使用润滑油，防止金属表面直接接触。但在旋转圣诞树上，金属之间必须相互接触才能实现电气连接。这种连接方式之所以能够实现是因为圣诞树旋转得特别慢，而且它不经常使用。一台典型的交流电动机每分钟旋转约1800 圈，它在几秒内旋转的圈数就和这种圣诞树在整个假期旋转的圈数一样多。

滚珠轴承承载整棵圣诞树的重量。

这两个旋转触点随圣诞树一同旋转。

这两个触点固定在底部，下面的弹簧把它们推向旋转触点。

这个齿轮由底部的一台小型电动机驱动，它与机架上半部分的大齿轮啮合。

△ 这个旋转接触器是一个奇怪的东西。它类似滑环，使用液态汞池建立电气连接，而不是碳刷。在理论上，这种连接方式很好，但在实践中……好吧，它使用了汞，而汞对人体有相当大的危害。这种旋转接触器曾用在 20 世纪 60 年代的一些著名音乐家使用的莱斯利音箱上。这种音箱内部有一个可以旋转的小型高频扬声器，音乐家们对其播出的声音情有独钟。这种设计需要旋转式电气连接。如果你打算使用带碳刷的滑环，那么除了触点碰撞和摩擦产生的电子噪声外，你什么也听不到。而使用汞则不会出现任何噪声和间断的连接。但是……还是那个问题，它使用了有毒的汞！制造这些器件的公司已经倒闭，但你可以在 eBay 上找到它们。

依靠风力和水力运行的发电机

大多数发电机由燃烧某种燃料的内燃机驱动，然而越来越多的发电机开始依靠风力和水力运行。你只要能以合理的方式使某一根轴旋转，就可以将发电机连接到这根轴上，并将轴的动能转化为电能。

在伊利诺伊州我的农场附近有一座风电场刚刚建成，最近的风车距离我的农场只有约 1.5 千米远。风车基本上就是一台安装在柱子上的发电机。一些较小的风车使用永磁发电机，类似我们在前面看到的玩具电动机。更大的风车则使用通过滑环供电的旋转电磁体，这种设计也更容易扩展，即使风车的速度随机变化，输出的交流电的频率也能与电网精准匹配。

▷ 风车如雨后春笋般在各地出现。

△ 风车柱体顶端安装有发电机、大型齿轮箱、转向电动机、电子控制设备以及冷却系统（注意后端箱体上的散热器）。你想知道这张照片是怎么拍的吗？我操控无人机穿过风车叶片拍摄了这张照片。不过别担心，那天没有风，我的农场附近还没有架设电线。这些风车高耸入云，为了拍摄这张照片，我不得不让无人机飞到法律允许的最大高度（120 米）。一旦超过此高度，业余无人机就无法继续飞行。（根据安装公司的说法，这些风车是美国最高的风车）。

◁ 这是一套等待组装的风车部件。你看到照片中心的那辆小卡车了吗？那其实不是小卡车，而是起重机。风车叶片根部孔的直径大约相当于两个成年人的身高加在一起。在我写本书时，附近的乡村周围每隔 800 米左右就会出现一堆这样的部件。图中的工人正在有条不紊地将它们组装成风车。

◁ 水力发电机与风车类似，不同之处在于它的叶片是由水推动的，而不是空气。水力发电机通常使用滑环发电机，原因与风车相同。这些发电机也可以作为电动机运转。也就是说，将风车倒转以制造微风的确是可行的，但这种做法有点愚蠢。但是，让水力发电机倒转作为水泵来运行则很有用。左图是宾夕法尼亚州塞尼卡抽水蓄能发电站蓄水湖的照片。水力发电机可以由湖中的水驱动，也可以作为水泵将外边的水抽回湖中。水力发电机在电力需求大的白天作为发电机运行，而到了晚上，用电高峰过去，当大坝和当地的其他发电厂能够产出比人们所需更多的电力时，水力发电机则作为水泵运行，将水抽回高处的湖中，电力需求大时再让水流下去。整个装置就像一个巨大而复杂的可充电电池。

变压器

从发电机到变压器，我们的讨论看似偏离了主题，但请相信，在下一部分我们就要用电动机将它们联系起来。

我们已经了解到，永磁体穿过线圈时会在其内部产生感应电流。当然，这一效应并不是由永磁体产生的，而是由永磁体周围的磁场产生的。我们知道，磁场除了可以由永磁体产生，还可以由通电线圈产生。

变压器基本上是两个彼此相对的线圈，其中一个作为输入端（称为一次绕组），输入交流电；而另一个作为输出端（称为二次绕组），输出所需电压。一次绕组中的交流电产生一个不断变化的磁场，该磁场穿过二次绕组，使二次绕组中产生感应电流。变压器因其可以将一种电压转换为另一种电压而得名，这也是其最大的作用。

▷ 早些时候，我们讨论了汽油机需要电火花才能将燃料和空气的混合物点燃。右图中的这个点火线圈就能产生这种电火花，它是下图中这种霓虹变压器的一种变体。点火线圈有一个用粗导线绕制的匝数较少的一次绕组，以及一个用细导线绕制的匝数较多的二次绕组。一次绕组通入的不是连续变化的交流电，而是由汽车电池提供的 12 伏特直流电。由于电压不变，所以一次绕组产生的磁场是恒定的，也不会在二次绕组上产生感应电流。当需要电火花时，一次绕组上的电流突然被切断，磁场急剧减弱。这种剧变会在二次绕组的导线中感应出尖峰电压。实际上，当一次绕组中存在电流时，制造电火花的能量就已存储在磁场中。当磁场急剧减弱时，能量被引导至火花塞。你可能会认为，当一次绕组重新接通电流时会产生第二个电火花。新磁场的建立会产生感应电流，但新磁场的建立过程要慢得多，因此不会产生电火花。

▷ 这是一个小巧的霓虹灯变压器，120 伏特交流电从右侧的导线输入白色区域内的一次绕组，当周期性变化的交流电压处于峰值时，会产生强大的磁场。该磁场通过铁芯与黄色区域内的二次绕组发生感应。当输入的交流电压在由正变负的过程中刚好为零时，磁场突然消失。此后随着电压达到谷值，磁场从零开始增强，方向相反。以此类推，整个过程循环往复。

一次绕组的脉冲磁场使二次绕组中产生感应电流。如果二次绕组的匝数比一次绕组的多，输出电压则会更高。如果二次绕组的匝数是一次绕组的两倍，那么输出电压将是输入电压的两倍。右图中这个变压器二次绕组的匝数大约是一次绕组的 30 倍，因此它能够产生非常高的输出电压。二次绕组的体积更小，虽然它的匝数更多，但导线比一次绕组的导线更细。

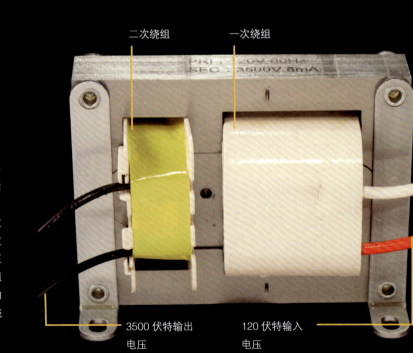

二次绕组　　　　一次绕组

3500 伏特输出电压　　　120 伏特输入电压

这个"线圈包"为单个火花塞服务。

来自控制模块的低压信号控制线圈何时点火。

电池提供的 12 伏特直流电从这里输入。

这看起来像一根粗导线，其实里面的导线非常细，只是外面有一层厚厚的绝缘层。由于导线上施加有高压电，这么厚的绝缘层是有必要的。

这是火花塞（通常被拧入发动机气缸内）。

▷ 较新的汽车通常会为每个气缸配备一个独立的火花线圈，火花线圈由发动机管理模块驱动，消除了分配器中的机械接触，也取消了原始火花塞所连接的高压线。

▷ 大多数变压器的一次绕组和二次绕组会缠绕在一起，所以你无法看到它们作为单独的绕组存在。右图中的这个变压器看起来像一个伸出多根导线的方块。绕组上经常会有几个分接头，即不同位置的独立连接点。该变压器的一次绕组有 3 个分接头，因此可以连接 120 伏特、208 伏特或 240 伏特输入电压。240 伏特电压的连接点在一次绕组的首尾两端，所以使用这两个端子时，绕组的匝数最多。输入 208 伏特电压时会略过约 10% 的匝数，而 120 伏特电压的连接点则位于中间，只会使用一半绕组。

▽ 你可以将多点插座的概念发挥到极致，制作一个可以连续变压的变压器。下图中变压器的一端有一个旋钮，这个旋钮可以移动滑动触点，调整次级绕组实际接入的匝数，以平稳调节输出电压。

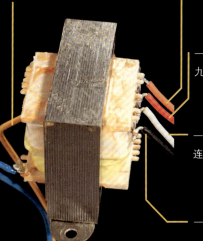

二次绕组输出端（输出 24 伏特电压）

一次绕组的另一端

一次绕组百分之九十部分的连接端

一次绕组一半的连接端

一次绕组的一端

▽ 变压器有各种不同的尺寸！这个小东西用于耦合音频信号，它的一次绕组和二次绕组的匝数相同，因此输出电压和输入电压相等，但它能够完全隔离两侧之间除了交流电以外的其他电信号，所以还是很有用的。

▷ 图中展示了一个电动牙刷的内部结构和下方的充电器。电动牙刷已被拆开，我们能看到其底部的二次绕组。充电器中有一个变压器，但一次绕组的周围注满了防水物质，所以我们很难看到它。另外，一个磁性铁芯与充电器的凸起处相连。

这是二次绕组。

这根铁芯从一次绕组中伸出来，把二次绕组的磁场引向上方。

一次绕组位于这个底座中。

我不完全确定为什么线圈被安装在这些塑料弹簧上，但我感觉这样做可以降低一次绕组和二次绕组的磁场相互作用而产生的噪声。

▽ 手机的无线充电器采用了相同的原理，只不过一次绕组和二次绕组是扁平的，所以手机可以放在无线充电器的上方。这种充电器只有在两个绕组非常靠近时才能工作，因为这种形状的绕组周围的磁场会随着距离的增大而迅速减弱。

充电器底座中有一个扁平的一次绕组。

充电器中一次绕组的背面有一个极其复杂的电路系统，这个电路系统负责检测手机何时放在充电器上，并调节输送到二次绕组中的电力。

在手机内部，有一个类似的扁平线圈作为二次绕组。

▽ 如果你的手机没有无线充电功能，你可以自己动手做一个这样的系统。在手机背面粘贴如下图所示的线圈和电路板，并将一个接收器插入手机的充电端口。

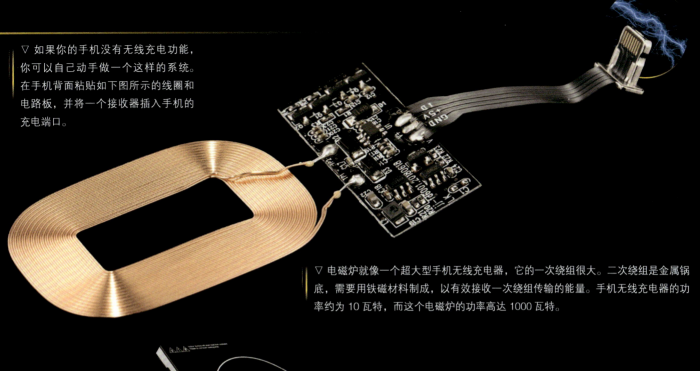

▽ 电磁炉就像一个超大型手机无线充电器，它的一次绕组很大。二次绕组是金属锅底，需要用铁磁材料制成，以有效接收一次绕组传输的能量。手机无线充电器的功率约为 10 瓦特，而这个电磁炉的功率高达 1000 瓦特。

△ 有些变压器相当复杂。这个变压器是为三相电源设计的，对于它的每一相，你可以通过不同的分接头选择 3 种不同的输入电压。该变压器只有大约 45 千克重，有的变压器重达数吨。变压器的重量主要由其中铁芯的重量决定，而非绕组。

没有磁体和滑动电气连接部件的电动机

前文提到，能否制造一种没有磁体而只有线圈的电动机，同时这种电动机也不需要任何滑动电气连接部件将电力传递给转子。现在，我们结合前面学到的知识，看看这种电动机是如何制造出来的。

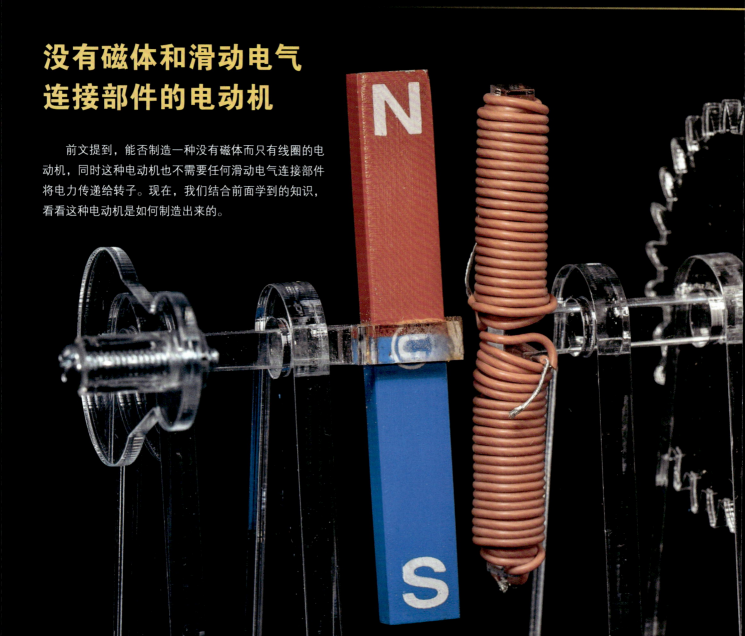

▷ 在第 141 页中，我们看过一个还算不上电动机的模型，其中两个永磁体被摆放在一起。而在本页介绍的模型中，其中一个永磁体被两组线圈所取代。当我们旋转永磁体时，它的磁场会在两个线圈中产生感应电流，进而产生感应磁场。由于感应磁场与永磁体的磁场间存在吸引力，两个线圈开始旋转。那个

模型中的两个永磁体的运动会始终保持同步，而本模型的两个线圈一定会出现滑移现象。如果两个线圈和永磁体以相同的速度旋转，永磁体的磁场相对于线圈没有转动，就不会产生感应电流。线圈的转速取决于其受到的摩擦力，摩擦力越大，线圈转得越慢。这样一来，磁场的变化更快，从而产生更大的电流，最终在线圈中产生更强的感应磁场，进而使线圈加速跟上。

到目前为止，我们知道：

1. 两个磁场可以相互作用；

2. 其中一个或两个磁场是由线圈中流动的电流产生的；

3. 变化的磁场可以在线圈中产生感应电流；

4. 变化的磁场可能来自另一个线圈（变压器中的一次绕组）；

5. 二次绕组中的感应电流也会产生一个磁场，向相反的方向推动一次绕组。

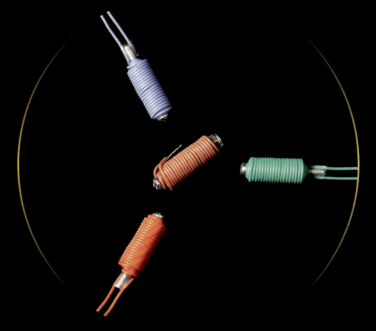

综上所述，我们可以得出一个结论：当你将两个线圈放在一起（就像在变压器里一样）并向其中一个线圈通入交流电时，这两个线圈便会相互推拉。只要将第二个线圈的两端连接在一起（直接短接或通过灯泡等其他负载连接），第一个线圈中的交流电就会在第二个线圈中产生感应电流，同时也产生一个磁场，该磁场会对抗第一个线圈产生的磁场。

在变压器中，这两个线圈牢牢地固定在一起，所以它们无法转动。你最多只能听到大功率变压器发出的嗡嗡声，这是线圈相互推拉时产生的。

巧妙之处在于：只需将第二个线圈短路（也就是把它的两端连接在一起）就行了，不需要连接外部的任何东西。这意味着它可以作为电动机的转子，在没有其他任何电气连接的情况下转动。

以下是我对电动机的理解：外部的固定线圈负责产生旋转磁场，但它也像变压器的一次绕组一样发挥作用；内部的旋转线圈则像变压器中的二次绕组，由于被短接成一个环形电路，它也成为了一个由旋转磁场推动的电磁体。

这种设计非常巧妙。想一想，这种装置没有永磁体、电气接触部件和开关，也没有换向器和晶体管，什么都没有，只有特定形状的惰性线圈，在关闭电源时完全没有磁场。但当你将交流电接到线圈上时，这种装置中会出现多个相互作用的磁场，这些磁场协同工作，使轴旋转。

这种装置称为交流感应电动机，是世界上最常见的电动机。这类电动机在家庭和工厂中都可以大量使用。任何使用交流电的电动机很可能就是某种形式的感应电动机。

△ 这是三相交流电动机模型，我用一个线圈代替永磁转子。外圈的3个线圈由三相电源供电，产生旋转磁场，内部的线圈在旋转时也会出现滑移现象，滑移的程度由该线圈所受的摩擦力决定。

三相交流感应
电动机

　　这是一台三相交流感应电动机。在全负荷工作时，它的每一相的电压为 220 伏特，通过的电流为 20 安培。通过一些复杂的过程，它最终输出的功率为 7.6 千瓦。尽管该电动机只有约 45 厘米长，但它的功率相当于多个大型家用电器功率的总和。客观地说，这台电动机还是很重的，当我在拍卖会上以仅 20 美元的价格买下它后，我们足足上了 3 个人才把它装进货车里。

　　该电动机的定子线圈与三相永磁电动机中的相同。它们会产生一个旋转磁场，该磁场旋转的速度由交流电的频率决定。我之前展示的模型的电极数量不止 3 个，三极是最少的，但增加极数会使永磁体和 / 或电磁体的末端彼此靠近，增大电动机的扭矩，提高效率。

　　就像前一页所描述的那样，这台感应电动机转子的内部是线圈而非永磁体。实际上，这些线圈几乎都不是

这台电动机是为在严苛的工况下工作而设计的，所以连电气连接处的盖子也采用了厚重的铸铁材料。

这个环用来连接吊索，以方便吊装。

这些肋条有助于散热，而且可以使壳体更加坚固。

真正的线圈，不是由导线绕制而成的。转子内部是被铸成鼠笼形状的铝制材料，它又被一堆薄铁片（称为层压片）封装起来。这些层压片占据了转子的大部分重量。

　　鼠笼式转子的工作原理类似线圈，电流可以通过相邻的接触杆在

环上流动形成回路。从功能上看，这个鼠笼式转子就像一组并排放置的线圈，每个线圈只有一圈非常粗的导线。

　　在许多常见的设计中，接触杆和环被铸造成单一的铝制部件。这样一来，转子的动力就非常强劲。

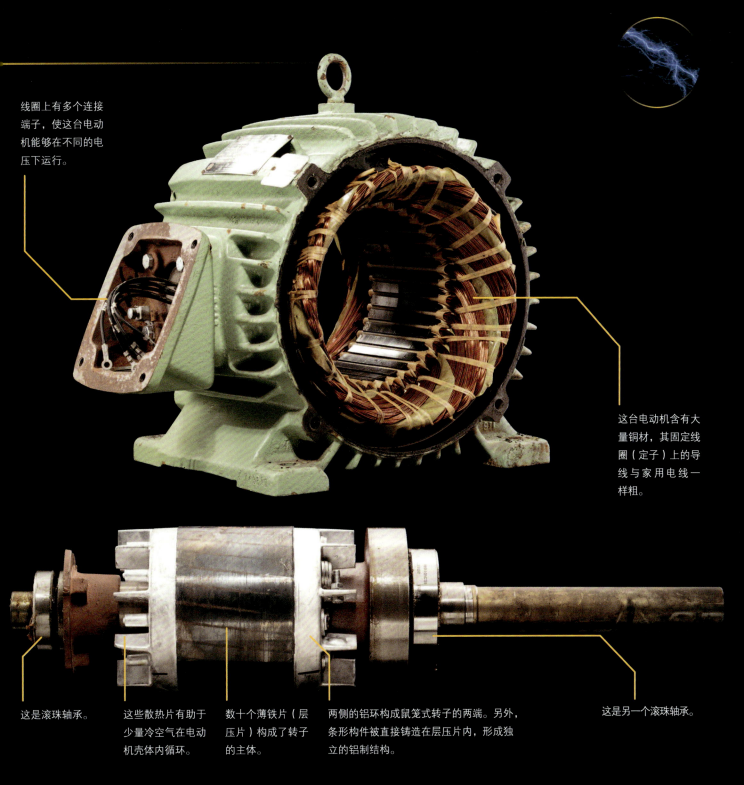

线圈上有多个连接端子，使这台电动机能够在不同的电压下运行。

这台电动机含有大量铜材，其固定线圈（定子）上的导线与家用电线一样粗。

这是滚珠轴承。

这些散热片有助于少量冷空气在电动机壳体内循环。

数十个薄铁片（层压片）构成了转子的主体。

两侧的铝环构成鼠笼式转子的两端。另外，条形构件被直接铸造在层压片内，形成独立的铝制结构。

这是另一个滚珠轴承。

▷ 在每一台鼠笼式感应电动机中都有一个用铜或铝铸成的鼠笼式转子。如你所见，这个"鼠笼"实际上不适合养松鼠，因为这些小动物足够聪明，会发现"鼠笼"的两端完全开放。鼠笼式转子可以按照右图中标示的方向产生感应电流。

▽ 这台电动机用于给谷仓外面的干燥风扇供电。这台电动机也是鼠笼式感应电动机，看起来和前一页中的感应电动机很像，但它的体形更大，重达280千克，额定功率超过36千瓦。由于这台电动机没有有源器件，除了中间旋转的转子外也没有其他可动的零件，所以即使在恶劣的环境条件下，它也十分坚固耐用，几乎不会出现故障。

▷ 这个鼠笼式转子与众不同，它不是铸造而成的，而是由铜块和铜条制成的。请注意，这些铜条很厚，足以承受数百安培电流。这个鼠笼式转子是作为欧洲 ReFreeDrive 项目的一部分而设计的，此项目旨在为电动汽车设计大功率重量比的感应电动机。这种电动机的优点是能够替代目前大多数电动汽车中使用钕铁硼磁体的电动机。

▷ 鼠笼式转子也可以用铜来制造。铜是一种优质材料，它的导电性能比铝的好，但它的熔点高得多，因此铜更难加工。图中这个用铜制造的鼠笼式转子是由德国的一家公司为 ReFreeDrive 项目制造的。那么，有没有比铜还好的材料呢？有！银的导电性能更好，但可惜的是它太贵了。除此之外，更好的导电体就是超导材料。使用超导转子的电动机已经制造出来了，但这些电动机目前还只是样品。它们非常大，功率可达几百千瓦。

大型感应电动机

对于一些大如轿车或公共汽车的感应电动机，其转子内通常有真正的线圈。这些线圈的末端被引出来连接到一组滑环上，让操作者在电动机外部就可以连接线圈。如果这些滑环短路，转子就会像鼠笼式转子一样工作。将滑环短路正是这些电动机常规的运行方式，但不是它们的启动方式。

当你刚打开感应电动机的电源时，转子本身还没有转动。然而，对于一个频率为 60 赫兹的典型电动机来说，此刻转子周围的磁场正以 180 转 / 分的速度旋转。这意味着磁场正以极高的速度穿过转子，在转子中产生巨大的电流，从而在转子内部产生强大的磁场，为电动机提供很大的启动扭矩（电动机通过冷启动方式开始运转）。

这种启动方式用在电动汽车和火车机车上都是很不错的，但对于工厂里的一台功率为 370 千瓦的电动机而言，这可能会产生太大的电流，超过工厂电气系统的承受能力，甚至将电动机烧毁。解决办法是通过滑环连接，在转子线圈中串联适量的电阻器，将电流限制在可控范围内。当电动机加速时，电阻器的电阻随之逐渐减小，直至最终为零。当电动机全速运转时，转子的转速几乎和定子的旋转磁场的转速一样快，而此时流经线圈的电流只够维持转子运转。

▽ 滑环感应电动机都非常大，下图中的这个转子和几辆轿车加起来一样重。

△ 在大型滑环感应电动机中，用于限制电流的电阻器也很大，这是因为电流通过电阻器时会产生热量，需要以某种方式散热。这个老式的电阻器来自剧院弧光灯的发电机，它看起来更像一个电暖器而非电阻器。这并不奇怪，因为二者唯一的区别在于使用者对它产生的热量的态度。如果你对它限制电流的能力感兴趣，那么它就是一个电阻器（而产生热量则是不希望出现的副作用）。如果你需要的是热量，那么它就是一个电暖器。

△ 电动机和发电机都可以做得很大，它们几乎都要有绕线转子和滑环连接，否则我们无法启动它们。

△ 在这个便宜的电暖器内部，加热元件只不过是一个大电阻器，当电流通过时它会发热。

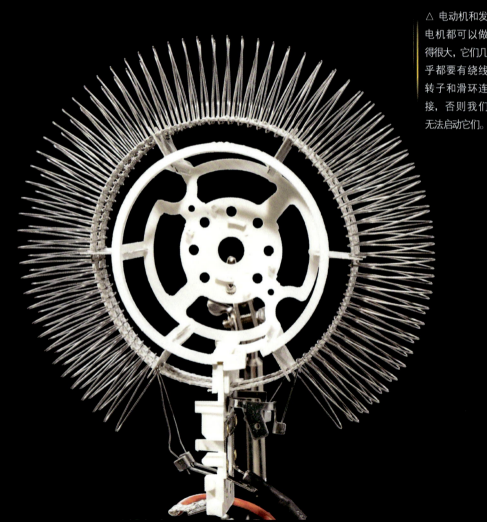

▷ 观察这个教学用的电动机的末端，我们可以看到定子线圈、转子线圈以及滑环等。

这是碳刷，它与滑环形成滑动连接。

转子线圈在电动机工作时旋转。

这是铜制滑环。

这是静止的外线圈（定子线圈）。

▷ 这台三相滑环感应电动机比大多数同类电动机要小得多，而且它的功率只有同类的三分之一。这是因为它主要用于教学，旨在让学生在教室里用它做实验。所有线圈（包括固定的和转动的）的端子都引至前方的控制面板上，学生可以尝试在面板上以不同的方式连接端子做实验。

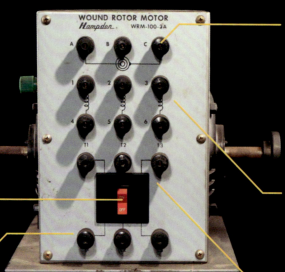

▷ 在控制面板上，学生可以使用导线、电阻器或其他电气元件进行实验，使电动机运转。希望这台电动机设定在208 伏特电压下运行，如果接线错误，可能非常危险！这台电动机也可以在远低于此电压的电压下运行，其功率也相应降低。这个设置对初学者来说是不错的。

这 3 个端子与 3 个滑环连接，每一个滑环都通过导线与 3 个线圈中的一个连接。（剩下的 3 个没有使用的端子在中心由导线连接在一起，构成 Y 形。这种连接方式称为星形接法。）

这 6 个端子可以不同的方式连接定子线圈，从而让电动机正转、反转或停止。

这个开关可以切断三相电源。

三相交流电由这3 个端子输入。

开关闭合，三相电源接通。

正如我们所了解的那样，感应电动机启动时所需的电流远超其全速运行时所需的电流。这样做的好处是电动机在静止状态下就能提供大扭矩，从而能够驱动大载荷，如一辆拖着许多车厢的火车机车；而不足之处在于给电动机供电的设备不仅要提供它正常运行时所需的电流，还要提供启动时的峰值电流。

假设将许多电动机都连接到一台发电机上，而这些电动机永远不会同时启动，那么我们就可以使用一台功率小一点的发电机。在现实生活中，对于非常大的电动机，人们通常会采取分段启动的方式，各段之间有足够的延迟，以保护发电机。

△ 据说即使是想象中的电动机，上述启动方式也同样适用，就像在灾难片《2012》中这个计算机塑造的场景一样。整个世界因太阳的某种问题而被淹没后，一艘巨船——诺亚方舟携带着幸存的人漂浮在大海上。当浩劫过去后，诺亚方舟第一次打开外舱门。可以看出，各舱门的开启就是分阶段的。因此，我们可以得出两个结论：首先，诺亚方舟的发电机有足够的电力打开所有舱门，但无法同时启动它们的电动机；其次，电影的美术指导肯定知道，让舱门先后徐徐打开，会显得更酷。

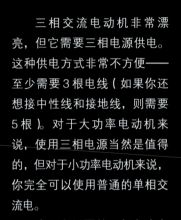

当三相变得多余

三相交流电动机非常漂亮，但它需要三相电源供电。这种供电方式非常不方便——至少需要3根电线（如果你还想接中性线和接地线，则需要5根）。对于大功率电动机来说，使用三相电源当然是值得的，但对于小功率电动机来说，你完全可以使用普通的单相交流电。

我之所以要从三相交流电动机开始解释交流电动机，是因为尽管三相交流电动机有些复杂，但它其实是最容易理解的。你一旦理解了旋转磁场的概念，其余部分就容易掌握了。但如果你只有单相交流电，那么从中得到一个旋转磁场就会更加困难。

如果我们将一个三相交流电动机模型的两个线圈去掉，只留下一个由单相正弦电压驱动的线圈，会发生什么呢？这个线圈产生的磁场每秒翻转50次，交替地推拉转子。这种方式虽然可行，但也有一些缺点。

首先，只有当磁体的转动与交流电的变化完全同步时，电动机才会运转，而且我们没有办法让磁体一开始就达到同步转速。如果你只打开开关通电，磁体就会在原位小幅度来回抖动，而非转动。

其次，如果你将电动机启动，它会随机在一个方向上运转。这是一件坏事情：在几乎所有情况下，我们都希望电动机始终在同一个方向上运转，而不是随机朝着不同方向运转，或者需要我们手动选择运转方向。

最后，当电动机运转时，驱动轴的力每秒会变化120次（使用60赫兹交流电）。这会使电动机产生较大的噪声，也会加快电动机驱动的设备的磨损。

目前的确存在一些采用这种设计的电动机，但它们仅用于有限的小功率场景。人们通常会配备一些棘轮，以确保电动机只能朝一个方向转动。只要电动机启动时的负载很小或没有负载，这些棘轮就可以将初始的抖动转化为预期方向上的旋转。若要制造更实用的电动机，我们需要找到一种正确的方式让磁场旋转起来，而不仅仅是前后翻转。

转变相位

如果我们不能用两相电或三相电创建一个完美的旋转磁场，那么也许可以用单相电创建一个不太精确的、做近似旋转运动的磁场。假设你有一个神奇画板玩具（英文名为 Etch A Sketch，是一款蚀刻素描玩具画板，画板有左右两个旋钮，分别控制画针在水平和竖直方向上移动），但此时你只能旋转左侧旋钮，那么无论你如何操作，指针也只能在水平方向上移动。这与由单个线圈产生的磁场类似：无论你做什么，产生的磁场的方向始终与线圈的轴线一致。

左侧旋钮

右侧旋钮

△ 我制作了两幅图，分别表示左右两侧旋钮所控制的画针的运动轨迹随时间的变化。左侧旋钮持续沿顺时针方向旋转（红色曲线随时间上升），而右侧旋钮不动（绿色曲线为一条水平线），画针在画板上的运动轨迹是一条水平线（最上方的图片）。

△ 现在，你可以同时转动两个旋钮，但两个旋钮之间有一条连接带，使得它们必须同时转动相同的角度。所以，现在画针在画板上移动的轨迹是一条斜线。与此类似，如果两个线圈彼此靠得很近，都与同一个交流电源相连，但指向不同，那么生成的磁场只能沿一条直线变化（该直线将指向两个线圈之间的某个位置）。

△ 这两条曲线（左侧）分别对应画针在水平方向和竖直方向上的运动，它们共同作用的结果是形成一条曲形轨迹（右侧）。这两条曲线的形状相同，但其中一条曲线相对于另一条曲线延迟了四分之一个周期，即落后了 90 度。这两条曲线都可以称作正弦曲线，二者相差 90 度（或者说它们的相位差为 90 度）。按照习惯，我们称红色曲线为正弦曲线，绿色曲线为余弦曲线。

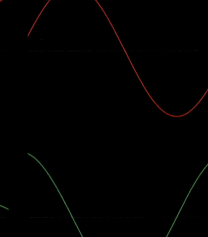

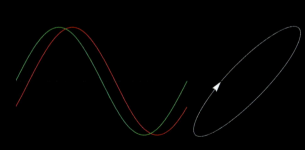

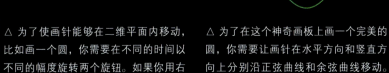

△ 为了使画针能够在二维平面内移动，比如画一个圆，你需要在不同的时间以不同的幅度旋转两个旋钮。如果你用右侧旋钮使画针匀速上移，同时用左侧旋钮使画针先向左移动，再向右移动，那么画针在上升过程中的轨迹是一段弧线。虽然这不是一个完整的圆，但画针的轨迹至少不再是一条直线了。

△ 为了在这个神奇画板上画一个完美的圆，你需要让画针在水平方向和竖直方向上分别沿正弦曲线和余弦曲线移动。因为只有以这种方式进行操作，画针才能以恒定的速度沿着圆周运动。在神奇画板上得到如此完美的圆形轨迹，唯一方法就是用 Photoshop 软件伪造一个。哈哈，你可以猜猜我是如何做到的。

△ 如果将两条正弦曲线的相位差调整到小于 90 度，那么神奇画板上显示的将是椭圆而非圆。从感应电动机的运转效果来看，椭圆不如圆好，但比直线好得多，足以使电动机朝着正确方向转动。电动机达到正常转速后，即使只用单相电源，电动机也能运转良好。因此，单相感应电动机的运行不一定要有完美的 90 度相位差。它只需要一点相位差，以启动电动机至全速运行就行了。

另一种启动电动机的常用方法是使用电容器。电容器可以存储电荷，它的作用类似可充电电池，可以快速充放电。如果你将电容器与一组线圈串联，然后接通交流电，电容器就会在供电电压升高时充电，在供电电压降低时放电。最终的结果是，线圈中的电流达到最大值和最小值的时间被推迟，电流的相位发生变化，于是我们就可以用一个电容器启动单相感应电动机。

这不是启动电容器，而是一个方形的接线盒。接线盒内的导线通常会比你需要的多出几根，它们对应电动机绕组的不同接点，让你能够在不同的交流电压下运行电动机（如果连接错误，则会烧毁电动机）。

▷ 在顶图所示的电动机内部，我们发现了一个鼠笼式感应转子和一个非常好的电枢（转子周围的固定线圈）。

这些定子线圈不会移动，它们会根据运行电压通过一组合适的导线与电源相连。

▷ 电容器中的两块金属板靠得很近。充电时，正负电荷分别聚集在两块金属板上。

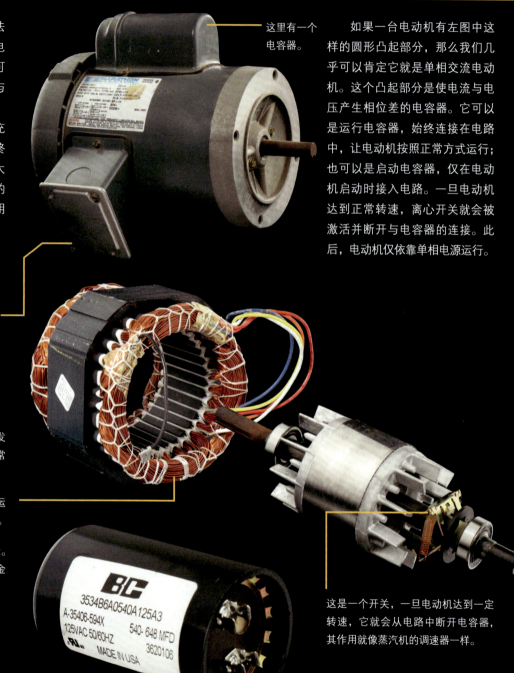

这里有一个电容器。

如果一台电动机有左图中这样的圆形凸起部分，那么我们几乎可以肯定它就是单相交流电动机。这个凸起部分是使电流与电压产生相位差的电容器。它可以是运行电容器，始终连接在电路中，让电动机按照正常方式运行；也可以是启动电容器，仅在电动机启动时接入电路。一旦电动机达到正常转速，离心开关就会被激活并断开与电容器的连接。此后，电动机仅依靠单相电源运行。

这是一个开关，一旦电动机达到一定转速，它就会从电路中断开电容器，其作用就像蒸汽机的调速器一样。

像骆驼一样，单相交流电动机分为单峰和双峰两种。正如我们刚才所看到的，单峰电动机有一个电容器，它可以作为运行电容器或启动电容器。双峰电动机在启动时使用一个电容器，在运行至稳定转速时使用另一个电容器。这两个电容器的设计不同：启动电容器能够适应高电压，以提供启动扭矩，但长时间工作时会过热；运行电容器的电容较小，但能够持续工作。

这个教学用电动机将两个线圈的接线端子引到前面，以便学生可以尝试不同的接线方式，看看能否使电动机正常运转。

电容器

电容器

接线盒

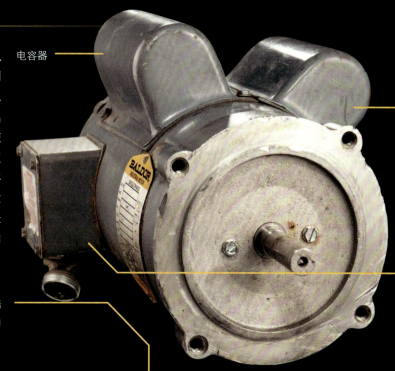

这两个端子连接不同相的启动线圈。

这些端子连接主定子线圈。

当开关闭合时，这些端子会接通电源。

这个开关也是一个断路器，用以防止学生连接错误。

这些端子需要连接120伏特单相电源。

△ 为了使电容器能够存储大量电荷，其内部的两块金属板的表面积要足够大，而且它们要靠得很近。常规的解决方案是用绝缘层分别包覆两块长金属片，再将它们卷进一个线圈中。

当电动机启动后，线圈会被离心开关自动断开。

◁ 电表用来计量用电量，以便电力公司据此收取电费。左边的这个电表可以计量两个灯泡的用电量，以便我们进行比较。令人惊讶的是，这种电表实际上是形状非常奇特的交流感应电动机。

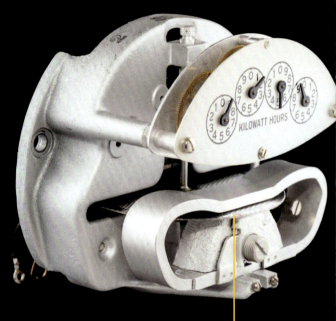

△ 从正面看，你能看到一个扁平的铝盘。用电量越大，它便转得越快。带有精细黄铜齿轮的表盘记录铝盘旋转的圈数，告诉电力公司需要收取多少电费。

这个铝盘实际上是感应电动机的转子。

▷ 从后面看，我们可以看出这个电表是一个交流感应电动机。它将两组线圈组合在一起，转子的运行速度与用电器的功率成正比。上方的线圈由多匝细导线绕制而成，直接与电源相连。下方的线圈则由少量非常粗的导线绕制而成，导线要能承载大电流。上下两部分线圈共同作用，生成的磁场穿过中间的铝盘（转子），铝盘因此产生感应电流，进而产生新磁场。新磁场与线圈磁场相互作用，推动铝盘转动。

后面的线圈试图使铝盘旋转，但在它的正下方有一个永磁体正试图降低它的转速。从正面的边缘看，我们能看到铝盘和永磁体间的较小空隙。当铝盘旋转时，永磁体的磁场在铝盘中产生较小的电流，以阻止其旋转。来自线圈的向前的力和来自这个永磁体的向后的力相互平衡，使得铝盘稳定旋转。铝盘的转速与用电量成比例，精度高达 1%。

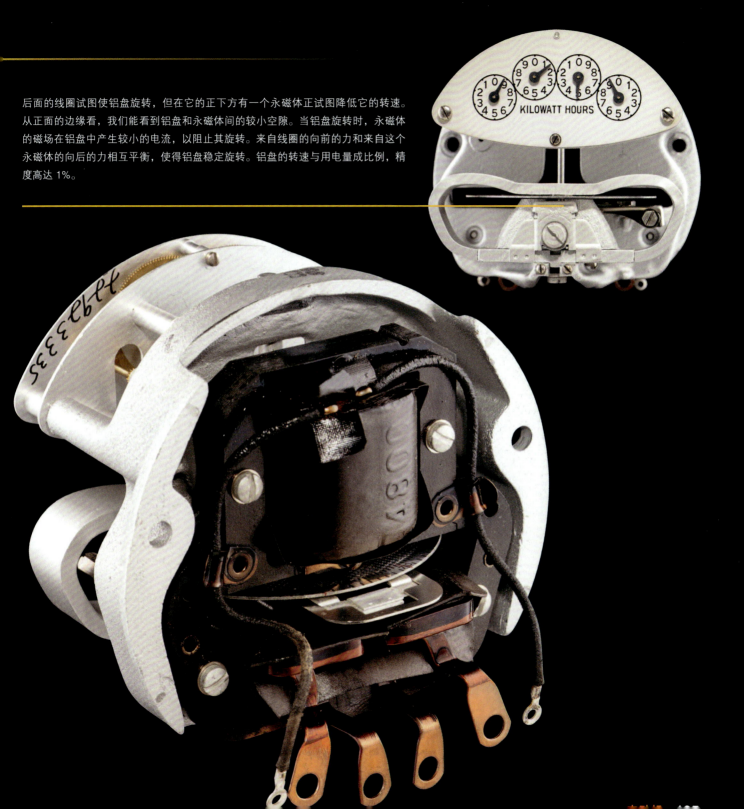

KILOWATT HOURS

慢速电动机

　　使用交流电的电动机通常转得很快。在用电频率为 60 赫兹的国家，转速达到 1800 转 / 分的电动机很普遍。在每一个交流电周期中，这种电动机只转动半圈。有些时候，高转速是必要的，但通常你还需要一堆齿轮将其减速至更合理的范围。

　　一些电动机则被设计成专门用于慢速运转，且无须使用任何齿轮。这是通过在电动机周围安装很多磁极（磁极由单独的线圈和磁体组成）来实现的。它们不是在交流电的每个周期内转一整圈或半圈，而是在每个周期内向前移动一个极距，这可能只占一圈的很小一部分。

△ 电枢有 12 个独立线圈，这些线圈分成两组，每组有 6 个。如果你向电动机的一组端子输入电流，所有偶数线圈就会通电；而如果你向电动机的另一组端子输入电流，所有奇数线圈就会通电。每个线圈的磁力集中在 4 个齿上，总共有 48 个齿。请注意，这比转子上的 50 个齿少了两个。因为每个线圈都向前转动了六分之一个齿距，每个线圈的齿距与转子的齿距完全匹配，因此 12 个线圈就会向前转动两个齿距，缺少的两个齿就被补上了。这种奇怪的齿距设置是为了让电动机在每个周期都向前转动一个齿距。

△ 这台 SLO-SYN 牌电动机有 50 个独立磁极，所以在交流电的每个周期内，永磁体转子只转动 1/50 圈。该电动机使用频率为 60 赫兹的交流电工作时，转速为 72 转 / 分（略超过每秒一转）。如果你想让它持续运转，就要用电容器提供第二个相位。你也可以使用直流电流独立控制两个相位，这实际上将这台电动机变成了步进电动机。

△ 从侧面看（如上图所示），你很难看出转子表面的磁体排列有什么特殊之处；但如果你面对轴，沿着磁体的长度方向看过去（如下图所示），就会发现这些磁体的排列像翘曲的棋盘——北极和南极交替排列。

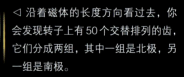

◁ 沿着磁体的长度方向看过去，你会发现转子上有 50 个交替排列的齿，它们分成两组，其中一组是北极，另一组是南极。

△ 我对 SLO-SYN 牌电动机情有独钟，因为在我上高中的时候（大约是 1980 年），我和朋友唐纳德·巴恩哈特一同制作了一个完全由 SLO-SYN 牌电动机驱动的机器人，那台电动机和上图中的这台电动机完全相同。我负责组装电子元器件和设计手持式控制板，他负责焊接框架。由于没有微型计算机，所以机器人完全由我们手动操纵，但它的功能相当强大。

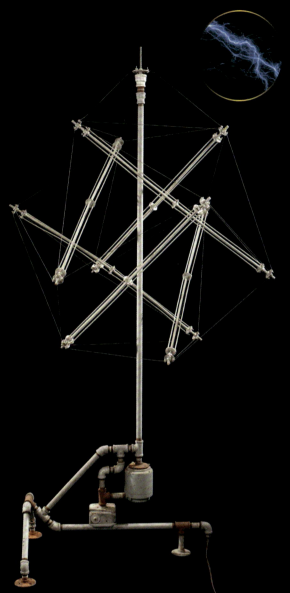

△ 这是我高中时期的另一个使用 SLO-SYN 牌电动机的作品。当我把它找出来拍照时，它已经有 40 多年没有通电了。我毫不怀疑通电之后它会立即启动并正常运转，事实的确如此。

◁ 底座上的 SLO-SYN 牌电动机驱动一根穿过套筒的长轴转动，长轴的顶端也安装有一个滚珠轴承。电动机启动几分钟后，长轴会带动上方的杆架结构以 72 转 / 分的速度旋转。对于这么大的物件来说，这其实相当快了。

▽ 这台电动机的运转能与电源的频率保持同步。事实上，这种电动机的意义就在此，它们称为同步计时电动机。由于电网提供的交流电的频率非常精确，所以这种电动机的运转也会很精确。它们可以用来驱动计时装置，精度与你可以买到的钟表一样。事实上，某些较大或定制的时钟就采用了这个品牌的电动机。

▽ 我在工作室中经常拍摄转动的物体。我将物体放在转台上，然后用左侧的同步计时电动机驱动转台，并将带有延时控制器的相机对准转台上的物体，每秒拍摄一张照片。转台转动一圈需要 12 分钟，相机和转台保持同步，连续拍摄 720 张衔接完美的照片。这些照片连续播放时，可以从不同的角度展示所拍摄的物体，从而制作出动态视频影像。

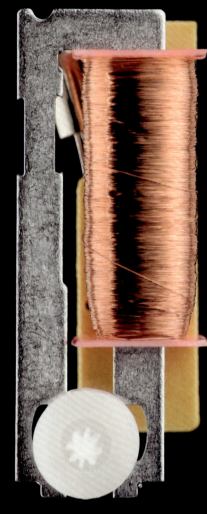

△ 这个同步计时电动机的转子是一个杯形磁体，它由内部线圈驱动。

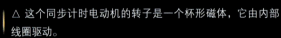

▽ 这种类型的电动机都有内部转子，它们的内部转子的转速都是一样的。但你可以购置不同转速（从一秒一转到一星期一转不等）的输出轴，然后驱动齿轮组。

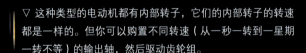

△ 这个微型永磁同步电动机来自一个由电池驱动的挂钟。因为挂钟使用的是电池，它接通的是直流电，所以我们要用一个石英晶体振荡器来将直流电转换为频率精准的交流电。

令人疑惑的电动机

我们已经见识了内燃机是如何通过活塞和连杆推动曲轴旋转的，也看到了电动机在没有任何连杆和曲轴的情况下如何更加平滑、连续地运转。那么，我们能否将二者的构造方式互换，制造一台没有曲轴的内燃机或者有曲轴的电动机呢？能，我们可以做到！但人们通常不会这样做，因为这两种想法都不如传统的方法好。

▷ 这台电动机的工作原理与所有活塞式发动机（内燃机、蒸汽机和斯特林引擎）完全相同，除了它用螺线管通过连杆拉动曲轴（螺线管是空心线圈，中间有一个滑动铁块，当电流通过线圈时，铁块会被强行拉入）。我从未见过或听说过哪一台实际的电动机是这样工作的，因为这种方式实在太复杂和低效了。为了证明它在理论上是可行的，我不得不做一个电动机模型来演示。幸运的是，有人比我先制作了这个手工模型并将其出售。

当这两个零件接触时，电流流过螺线管。

这是螺线管。

这是飞轮。

△ 不是只有那种毫无意义的电磁体模型在售，上边这种超级豪华的六缸发动机在无用的层面上也是制霸般的存在！

这个凸轮每旋转一圈就将连杆向上推动一次。

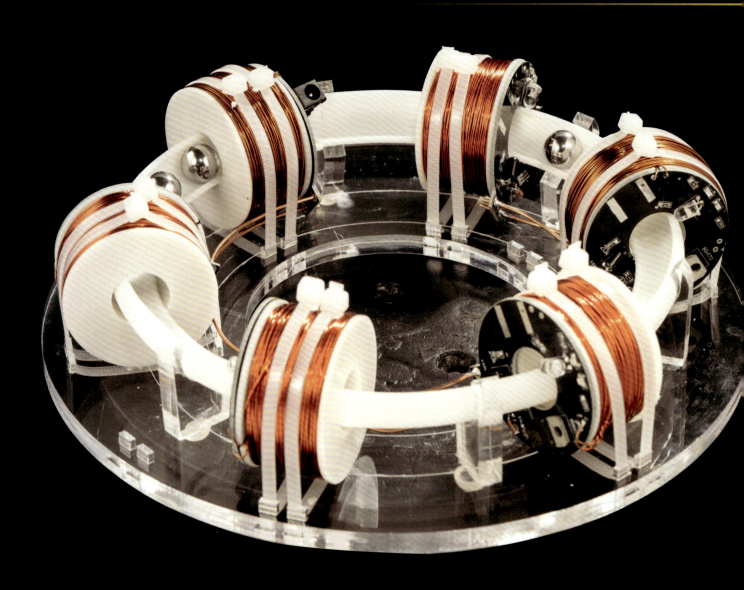

△ 这一定是有史以来最糟糕的电动机，但也是最酷的电动机。它是一个滚珠轴承同步加速器，类似费米实验室的万亿电子伏特加速器和日内瓦的大型强子对撞机，只是它更小，而且便宜得多。它有一组像粒子加速器一样的磁体和环形轨道。但是，与在轨道上循环的反质子等奇怪物质不同，这里用的是滚珠轴承。传感器检测每个轴承上的滚珠何时靠近磁体，然后给滚珠一个推力，使其持续绕轨道运动。

▷ 这台著名的旺克尔发动机来自马自达公司，它是运行起来最像电动机的内燃机，没有曲柄臂和连杆，而是直接通过凸轮将燃料爆炸产生的力传递到输出轴上。这种设计比前面的电动活塞发动机更实用。这款发动机卖了数百万台，的确具有一些实实在在的优势。不幸的是，这款发动机的劣势更大，如低燃油效率和极高的污染排放。

一种总该有用处的设计

有这么一类电动机，尽管它们还依靠磁场工作，但以奇怪的方式偏离了原本的设计。迈克尔·法拉第设计的第一台电动机非常简单，但匪夷所思（至少在今天看来是这样）。它被称为同极电动机，因为通过它的电流极性（方向）始终保持不变。它是唯一真正靠直流电运转的电动机，而不是那种在内部使用换向器或在外部使用某种电路生成交流电的电动机。

我费了很大功夫来制作法拉第最初设计的那种电动机，它依靠一个大型液态汞池运行。汞池中心有一个永磁体，汞池上方悬挂着一个可自由摆动的铜杆。在汞池的旁边，有一个电池通过导线将铜杆顶部和汞池连接起来，并通过铜杆传送大电流。

连接电池后，电流在摇摆的铜杆上产生磁场，磁场又推动铜杆缓慢旋转。从理论上说，你可以从铜杆的旋转中获取一些功，但与电池提供的能量相比，这些功微不足道。另外，汞有剧毒，不应该存放在这种敞开的容器中！

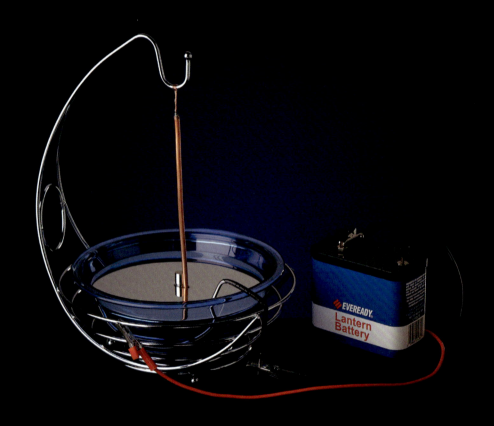

△ 这个设计基本上与法拉第最初的设计完全一致，只不过他没有用香蕉架来悬挂铜杆。考虑到该设计本身就很奇怪，我倒觉得香蕉架用在这里很合适。

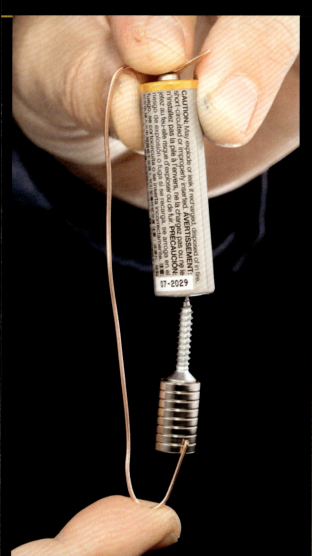

△ 这是一个无毒的手持式电动机，它的工作原理与法拉第最初设计的电动机的相同。一颗吸附在磁体上的螺钉悬挂在电池下面，裸露的电线将电池上端和磁体连接起来，形成闭合回路。将一切一步连接到位的确有些棘手，但一旦连接成功，磁体就会快速旋转。尽管这种设计存在不少问题，但人们还是尝试制造了真正的同极电动机，最后在大约 100 年前放弃了。近年来，超导线圈的使用让人们制造同极电动机的兴趣回升，但同极电动机看起来并不像未来技术。

△ 与大多数电动机一样，同极电动机也可以反过来作为发电机运行。令人惊讶的是，这种应用现在已经出现了，因为同极电动机作为发电机有一种不同寻常的能力，它能够在短时间内产生巨大的电流（在低电压下）。这类电动机用于为电磁炮供电时十分有趣。我们需要一个非常大的脉冲电流（几百万安培）来发射炮弹，发射速度比任何使用化学爆炸物的大炮还要快。为了产生大脉冲电流，同极电动机在一个非常重的旋转铁盘中储存了大量能量（图中的铁盘来自一台研究用的同极发电机，它被制成了艺术品）。一旦铁盘在电动机的驱动下高速旋转，电路就会接通，电动机会通过滑动接触从铁盘中汲取电流，变成发电机。由于铁盘的内阻很小，因此电流非常大。

乡村集市上的原始电力

集市在美国乡村生活中有着特殊的地位，那里有获得过蓝丝带奖的优选馅饼、声音极为响亮的拖拉机比赛、让你后悔吃下去的食物以及让你玩后双倍后悔的嘉年华游乐项目。

我最着迷的是集市上未经处理的原始电流，这种电流和那种流经整齐有序的电线或精密芯片的电流不同。在这里，发电机通过像香肠一样粗的电缆，将电流输送给各种游乐设施。随着电动机启动、停止，大型黄铜触点会产生电火花，噼啪作响。在碰碰车场，整个天花板都带有致命的电压，每辆碰碰车后面都有一根高高的导电杆。

由于一些我并不完全理解的原因，嘉年华的游乐设施通常由发电机供电，而发电机由大型卡车所用的柴油机驱动，这些柴油机位于游乐场附近，甚至就在游乐场中。其实，游乐场本可以使用当地电网的电力，很方便。在这里，发电机发出嗡嗡声，只有撞车大赛和周六晚上的乡村音乐会能与之"媲美"。我们在前文中介绍过各种型号的单相和三相交流电动机，此刻它们正驱动着这些游乐设施，将欢乐带给整个集市。这些电动机的功率为数十千瓦，它们的运行清洁、平稳且可靠。

▷ 50 年来，图中的景象没有发生任何变化，那些游乐设施和 50 年前的一样——不是说它们的类型相同，而是说它们就是 50 年前的游乐设施，这一点我可以证明。这种食物在美国中西部的乡村集市上很常见。

▷ 美国中西部的乡村集市经常售卖这类食品。

◁ 50 年前，我还是个小孩。当时，这个游乐设施叫作"Starship 2000"（星舰 2000 号），因为对那时的人来说，2000 年是他们所能想到的最遥远的时间，也会是飞行汽车已经普及的时代。大约 30 年后，当我带孩子们第一次去乡村集市时，发现那个游乐设施还在那里，只不过它的名字改成了"Starship 3000"（星舰 3000 号）。我怎么知道它就是原来的那个设施呢？因为在"3000"的下面有一个已经褪色的数字"2"的模糊轮廓。到了 2021 年，这个设施仍然存在。

△ 在集市举办期间，几台大型柴油发电机组在卡车车厢中持续运行。

▷ 就像草丛中的蛇一样，又粗又长的电缆用于输送电力，它们从柴油发电机组延伸到各个游乐设施和摊位上。人们看到地上的电缆时会轻轻跨过。

△ 这台儿童专用的摩天轮配备了一台相对较小的交流感应电动机，其功率仅为几千瓦。这台电动机通过一个简易的封闭齿轮箱连接到摩天轮上。摩天轮的英文名为"ferris"，是以其发明者乔治·华盛顿·盖尔·费里斯（George Washington Gale Ferris）的姓氏命名的[1]。

---

[1] 在中国，"摩天"是一个古老的词汇，形容建筑或山极高的样子，宋代陆游的诗句里便有"五千仞岳上摩天"的描述。虽然我们不知道谁首先在国内把"ferris"译为"摩天轮"，但这种贯穿古今、虚实结合的手法将外来事物的命名很好地本土化，既不失其本意，又带有一种中国人几千年独有的浪漫，让我们在乘坐它划过高空时，能够更惬意地享受眼前的摩天美景。——译注

△ 更大的摩天轮自然配备了更大的电动机。这台摩天轮用的并不是封闭的齿轮箱，而是用皮带和滑轮将主飞轮常规的 1720 转 / 分的转速降低到约 1 转 / 分。皮带和滑轮被安装在安全围栏后面，因为它们容易夹住游客的手指或衣物而造成严重伤害。

▷ 这是我最喜欢的游乐设施。不是因为我想要玩它（其实我讨厌玩它），而是因为它有着最好、最显眼的运行装置。看，它的电动机和齿轮箱多么漂亮！

▽ 碰碰车场的很多地方带电，如金属天花板带电，而金属地板等接地（电压为零）。不同型号和年代的碰碰车使用的电压不同，通常在 24 伏特和 110 伏特之间。大多数碰碰车使用直流电，少数则使用交流电。更高的电压使得碰碰车的动力更强劲，同时也能减轻接触点的磨损，但增加了游客受伤的风险。

接电端
接地端

接电端
接地端

△ 木材和橡胶绝缘材料将碰碰车场的天花板与其他部分隔离开来。我对木材的使用感到有些惊讶，因为潮湿的木材并不是很好的绝缘材料。

△ 每辆碰碰车都有一台电动机、一组与金属地板接触的电刷以及一根被称为"尾刺"的导电杆，导电杆伸向天花板并与之接触。导电杆外部接地，内部有一根带绝缘层的导线，因此你触摸导电杆时并不会触电。

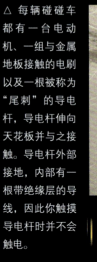

△ 导电杆的顶端有一个金属滚轮，它连通了整个电路以驱动碰碰车。金属滚轮划过天花板上的接头时会产生火花。

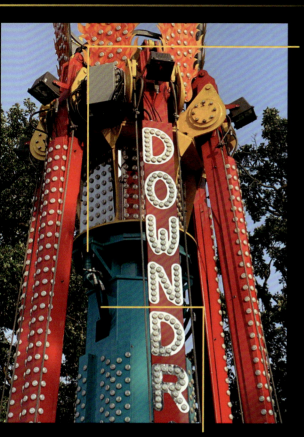

注意，与我们在其他设施上看到的电动机相比，这台液压马达小很多，但它负责驱动这个大型设施旋转。

液压泵　　电动机

△ 有些游乐设施由液压马达驱动。虽然液压马达对维护保养的要求较高，但它们的体积小，能提供巨大的动力，同时也能保持安静。

这是高压软管。

▷ 使用液压马达的游乐设施仍然需要电力驱动，它们的电动机藏在了底座中。这些电动机驱动液压泵，将压力很高的液压油液输送至液压马达。

△ 这台游乐设施能够在旋转的同时反复升降。撇开为什么有人会想出这种设计不谈，这台设施在运行时也存在一个问题：要在两秒内产生足够大的动力将数十名乘客提升至 6 米高度，没有一种正常尺寸的电动机能做到。唯一的方法是采用一种能够储存能量的弹簧。当乘客下降时，弹簧储存能量，随后释放能量，将乘客再次抬升起来。

△ 果不其然，如果你绕到后面，就能看见这些大型气罐充当了弹簧。当游乐设施刚开始运行时，乘客会被缓慢抬升到空中。此时，负责抬升乘客的是电动机，虽然速度有限，但游客接下来就具有足够的势能，可以再一次上升到相同高度。当游客下降时，塔内的一个大直径活塞会将空气压进这个大气罐中。当游客到达底部时，压缩空气会将他们重新弹起。

▷ 观察周围的游乐设施，你会发现它们中的大多数带有一个数据面板，其上记录了游乐设施的尺寸、所需空间以及电力需求。

△ 从这个面板上我们能看出，装饰灯的功率为 25 千瓦，这也再次说明了这些游乐设施的老旧程度。现代的游乐设施会采用

▽ 虽然电动机在游乐场上牢牢占据主导地位，但汽油机和柴油机在那里也有一席之地。集市上噪声最大的活动非拖拉机拉力赛莫属，它甚至比乡村音乐会还要吵闹，参赛的拖拉机沿着泥土赛道奔驰。赛事组织方在出售门票的同时还贴心地赠送耳塞。

这是拖拉机和拖车的混合体，前部有一台大型发动机。你在农田里几乎看不到这样的拖拉机。

△ 这是一家购物中心举办的室内嘉年华活动现场，展示了完全由电动机驱动的大型复杂设备可以多么安静。

△ 在室内，家长不用对着孩子大喊大叫了。

超越电动机

我们目前看到的几乎所有发动机都把圆周运动作为其输出——用转轴驱动相关设备。圆周运动如此受欢迎，有两个特别的原因。第一，要让一台机器的每个部分都始终以恒定速度运动，必须让平衡轮或转轴做匀速圆周运动。如果你想要一台只会嗡嗡作响的机器（或者响声没那么大），我敢打赌，做圆周运动的机器是你的最佳选择。第二，圆周运动是唯一不用大幅度运动的运动形式。也就是说，对于一个沿圆周旋转的物体，其外沿始终保持在完全相同的轨道上，这也意味着该物体可以被某种轴承固定在其位置上。

尽管圆周运动非常好，但在很多情况下，我们还需要另一种运动形式。比如，各种各样的线性电动机可以直接做直线运动。此外，很多机械装置也能够达到其他不同效果。真的，你很难想象到底有多少巧妙的机制可以将某种运动形式转变为另一种。亨利·T. 布朗于1868 年出版了《507 种机械运动：机械和设备》，这本经典著作给出了一个明确的数字——507，但这只是冰山一角。作者表示，他在书中介绍了很多特殊而大众又不是很感兴趣的机械运动形式，罗列出来的每一个案例都代表了一类设计。

▷ 一个滚珠轴承可以将转轴固定在原地平稳旋转，从而稳定地传递机械能，而不是让转轴随意乱动。对于旋转这种运动形式来说，这是一个十分突出的优点。一根精加工的转轴经过平衡处理后，在旋转时看起来就像是静止不动的，它既不发出声音也不产生震动。如果将它的表面抛光至像镜面一样光洁的程度，那么你基本上看不出它在旋转。

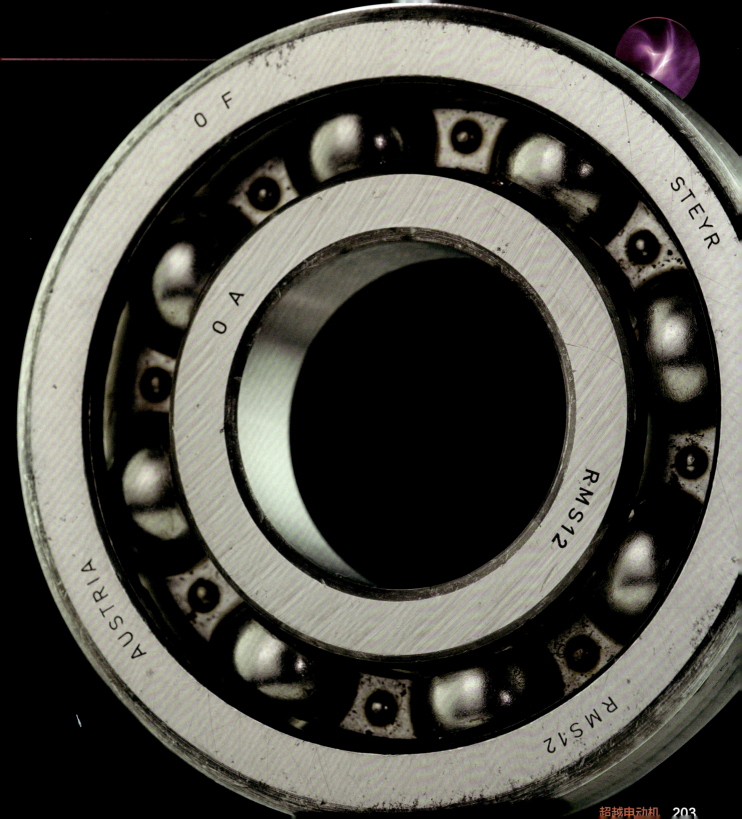

▷ 电动机轴输出的运动形式有时可以直接使用，完全不需要中间装置。电动机最简单的应用就是直接与风扇叶片连接。

△ 图中的这个装置我以前从来没见过，这是一个用手指操控的风扇。我不确定齿轮组和手哪个算是这个风扇的发动机。我猜测它的发动机可能是二者的结合，我的手起到活塞的作用，而齿轮组则起到蒸汽机曲轴的作用。

◁ 无论是在真实的飞机中还是在玩具飞机模型中，螺旋桨通常直接与电动机的轴连接。如果将一个复杂的齿轮箱直接装在发动机内部的话，后期便会出现维护问题。需要传输到螺旋桨的功率太大了，我们可以通过调整螺旋桨叶片的角度来控制推力，这种方式比改变螺旋桨或发动机转速更容易实现。

▽ 这种泵基本上就是一台用于输送水的电扇。同样，发动机轴和可动部件之间的连接部件是桨叶。这个泵来自我的农场里的地暖系统。当我正准备找一个泵为本书拍摄照片时，这个家伙就开始发出刺耳的声音，然后坏掉了，于是我就选它了！

振动

很多工程应用多少会设法产生一些振动。这种振动不需要齿轮，只需要一个偏心重物即可。重物的选择有很多：小到如硬币大小的物体，大到我能找到的一台重达 40 吨的地震振动器（地震振动器通过向地球发送振动信号绘制地壳的地质结构图），也许还有更大的。

较小的振动电机的工作原理基本相同：普通电动机驱动一个重物旋转，重物的速度、重量和偏心度（离心度）都取决于实际应用。

这个重物可以固定在一个箱体的侧面，它能用来帮助筛子筛泥沙，或者消除混凝土中的气泡。

这个重物来自一个振动式瓷砖平铺机。

这台电动机驱动的重物非常大，离转动中心也非常远。我不知道这台电动机如何避免自己的轴弯曲，除非它一直低速运转。

不予评论。

这个小部件在老式手机中很普遍。

这个有趣的按钮式蜂鸣器来自一款现代手机。

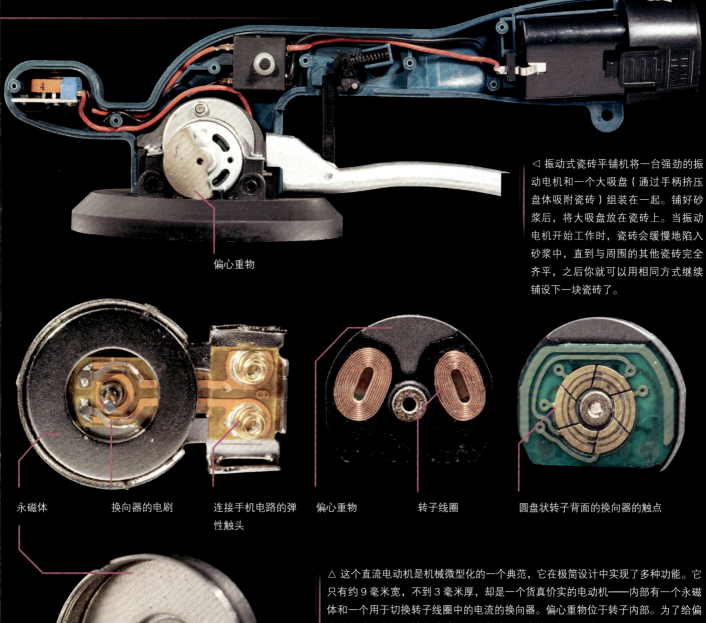

◁ 振动式瓷砖平铺机将一台强劲的振动电机和一个大吸盘（通过手柄挤压盘体吸附瓷砖）组装在一起。铺好砂浆后，将大吸盘放在瓷砖上。当振动电机开始工作时，瓷砖会缓慢地陷入砂浆中，直到与周围的其他瓷砖完全齐平，之后你就可以用相同方式继续铺设下一块瓷砖了。

偏心重物

永磁体　　换向器的电刷　　连接手机电路的弹性触头　　偏心重物　　转子线圈　　圆盘状转子背面的换向器的触点

△ 这个直流电动机是机械微型化的一个典范，它在极简设计中实现了多种功能。它只有约 9 毫米宽，不到 3 毫米厚，却是一个货真价实的电动机——内部有一个永磁体和一个用于切换转子线圈中的电流的换向器。偏心重物位于转子内部。为了给偏心重物腾出空间，转子跳过了此类电动机通常使用的 3 个线圈中的一个。关于这种微型振动器，我最喜欢的一点是它的偏心重物是用钨制造的。钨的密度在价格合理的金属中是最高的，这使得这种偏心重物的振动能力比使用铅制造的偏心重物强得多，因为在相同的体积下，铅的重量只有钨的一半多一点。

这里有一台汽油机，它通过皮带驱动偏心重物旋转。

偏心重物在这个盖板后面旋转。

这个箱子里装的是水，而不是汽油。水会洒在沙土上，帮助压实机压实沙土并减少灰尘。

这个偏心重物重约 4.5 千克。对于这样尺寸的机器来说，这个重物比我想象的要小，但它以每分钟几千转的速度旋转，可以产生相当不错的振动效果。

5100022441

HONDA
GX
160

▷ 如果想产生更大的振动，你可以用汽油机驱动一个大型偏心重物。这是一台平板式振动压实机，它在松散的沙土上工作，使沙土更加坚实，表面更加平整。它与手机中的振动器没有太大区别，只不过它的个头更大，而且不会接到一通向你推销保险的电话。

直线电动机

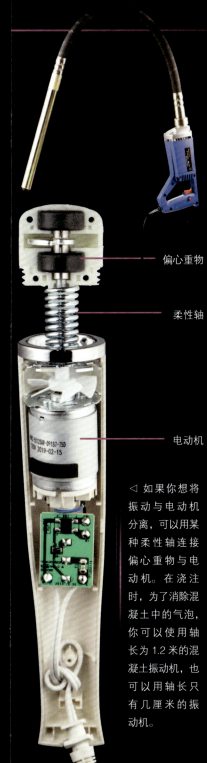

— 偏心重物

— 柔性轴

— 电动机

◁ 如果你想将振动与电动机分离，可以用某种柔性轴连接偏心重物与电动机。在浇注时，为了消除混凝土中的气泡，你可以使用轴长为 1.2 米的混凝土振动机，也可以用轴长只有几厘米的振动机。

几乎所有旋转式发动机都是从直线运动开始启动的，就像活塞来回运动一样。在某些情况下，实现直线运动就是最终目标。因此，本书中介绍的各种旋转式发动机（蒸汽机、内燃机、电动机和液压马达等）都是直线电动机的变体。

▽ 即使船非常大，飞机从船上起飞也非常不容易。战斗机采用了小翼设计，这让它们能够飞得更快，但在低速飞行时几乎没有升力。即使装备有强劲的发动机，小型战斗机仍然无法依靠自身动力快速起飞。因此，战斗机常常需要借助蒸汽弹射器才能从船上起飞。

这是蒸汽弹射器执行发射任务时产生的蒸汽。

在甲板的这条缝隙下面，有一个非常长的蒸汽活塞和一个单冲程线性蒸汽机。当飞机准备起飞时，蒸汽机拉动挂钩越过甲板，在几秒内将飞机加速至所需速度。

线性蒸汽机

液压缸

棘轮臂

车轮

▷ 这把便携式电动锉刀使用的并不是蒸汽机，而是一个振动式线性活塞气动马达（也许它可以依靠蒸汽运行，但蒸汽会导致它很快生锈）。右图所示的三部分互相嵌套。当空气被压缩时，内部的往复式活塞两侧便会交替受到压缩空气的作用，来回振动，同时起到活塞和阀门的作用。活塞在一个方向上结束行程时，会撞击装有锉刀的套筒，从而使套筒和锉刀反向抽动。

▷一些液压马达使用的是压缩水，而不是压缩蒸汽或液压油液，这类液压马达可以在图中这些灌溉系统里找到。在水井上方，一根长达 400 米的横梁缓慢旋转，喷出的水可以覆盖一个圆形区域。

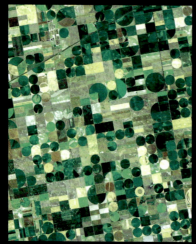

△ 液压缸在一个肘形阀门的驱动下上下循环运动，从横梁上多个喷嘴所连接的管道中抽水。在每个运动周期内，棘轮臂都会推动车轮旋转（在本图中，车轮已经从初始位置旋转了 90 度）。观察这根有多个车轮的横梁，你会好奇，是什么让它能够沿直线运

△ 这种灌溉系统之所以不同寻常，是因为它采用了液压马达，而且它的液压系统依靠水运行。实际上，大多数液压系统使用液压油液（类似轻质油）。和油相比，水的润滑性能较差，而且会蒸发或引起锈蚀。油则是完美的润滑剂。

线性内燃机

▽ 这是一台压实机，用于捣实土壤、沙子或砾石，以便在坚硬的路基上铺设地砖或浇筑混凝土。压实机使用单缸线性柴油机，在工作时连续撞击地面。一旦开始运转，压实机回落的重量就足以将柴油压燃，使自身再次弹起，开始新的循环。我还没有亲眼见过这种机器，不过从视频上看，它工作起来似乎很有趣。

▽ 使用柴油的压实机还不够疯狂，同样的设计思路也被用到了跳跳杆上。然而，不断增长的受伤人数最终迫使制造商停止了这种产品的生产。

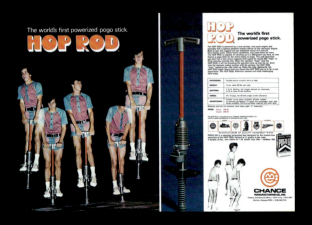

△ 气缸内有一个小风扇。当燃料点燃时，风扇周围会发生爆炸。在汽车发动机中，爆炸会持续数小时，每秒发生几十次，这种小风扇显然不适用。但气动打钉机内每秒只会发生一次爆炸，而且两次爆炸之间会有明显的间隔，整个装置可以冷却下来。所以，小风扇可以在气动打钉机中有效地混合燃料，并在循环结束后清除气缸内的残留物。

△ 我的这个气动打钉机已经用了很多年，我用它钉了无数颗钉子，它是线性活塞式发动机的一个很好的应用。这种气动打钉机有一个气缸，用丁烷提供动力。当你把枪头按到木板上时，一股丁烷被喷进气缸。你扣动扳机后，气缸内的火花塞将丁烷点燃，从而将钉子钉到相应位置上。想象一下，即使你用锤子全力敲击钉子，也不太可能一次就将它完全钉入木板中。这种工具每次能将 10 厘米长的钉子完全钉入木板中。

▽ 气动打钉机需要在任何地方都能操作，包括在完全倒置的情况下将物体钉在天花板上。压缩后的丁烷是液体，这是件好事，因为大量丁烷可以在压力相对较低的储罐中保存；但这也存在一个相应的问题，我们无法在储罐的顶部或底部，通过设置简单的开关取出液体（想象一下，一些喷漆罐只有在正面朝上时才能使用）。这个问题的解决办法是将液态丁烷放在一个塑料袋中，塑料袋被压缩气体包围，而所有东西都装在一个金属罐中。这样一来，无论角度如何，液态丁烷都能被可靠地挤出来，而且不会受到任何污染。

线性电动机

△▽ 这种振动泵使用线性电动机推动活塞前后运动，使两侧的单向阀门按照一定的方式打开和关闭，从而让水稳定地朝着一个方向流动。

△ 这个按摩仪使用了一台十分简单的线性电动机。这台电动机只有一个线圈，可以直接使用 120 伏特交流电。线圈产生的振荡磁场推拉金属板，作用力随电压的变化而变化，金属板在磁场的作用下剧烈振动。这种设计让我想起在第三部分中介绍的继电器，二者的主要区别在于线性电动机中将金属板与线圈分开的弹簧更加强大，所以金属板从未向下压紧过线圈。这种机械装置的简单、可靠可由以下事实加以验证：尽管该按摩仪两年的保修期已于 1959 年到期，但它至今仍能正常工作。

这个部件在普通的电动机中会旋转，但它实际上被两个线圈产生的振荡磁场前后推拉，在黑色的圆柱形壳体内做往复直线运动。

▽ 这个线性电动机很像我们之前看到的手机中的振动器。苹果公司将它称为"触感引擎"，这个公司喜欢起一些显得它的产品很重要的名字。在这个电动机内部，只有一个依靠活塞来回快速移动产生振动的螺线管。它的几何形状不同寻常：线圈十分扁平，以适应手机内的狭小空间。

这些弹簧可以让滑动磁体位于中间位置。

这组永磁体与扁平线圈产生的磁场相互作用，从左向右移动。

△ 每个滑动磁体都有 4 个这样的扁平线圈。线圈产生脉冲磁场，使滑动磁体来回移动，产生振动。

▽ 扬声器可以将变化的电信号转变为声音，它也是一种线性电动机，内部有一个缠绕在磁性很强的永磁体周围的线圈（叫作音圈）。当电流通过音圈时，纸盆会根据电流的方向朝内或朝外移动。扬声器通过快速改变电流产生振动，从而产生声音。

扬声器的纸盆要足够轻，以便能够快速移动；但它也要足够坚硬，以便保持形状并均匀地推动空气振动。常用材料是用合成树脂处理过的纸。

纸盆下方的这个线圈叫作音圈，它在通电时会产生磁场。

这个强力永磁体提供了一个磁场，它与音圈的磁场相互作用。

音圈插入这个圆槽内，处于永磁体磁场最强的中心位置。

▷ 从侧面看，我们可以看到细导线，它将电信号传输给图像稳定对焦电动机，又作为弹簧支撑住可移动部件（图中的镜头因自身重量而略微下移）。

▽ 如果你喜欢手机振动器，那么你一定喜欢这个东西！它是相机中的图像稳定对焦机构，长和宽都是 12 毫米，厚度为 3 毫米。它的内部有 3 个独立的线性电动机，这些电动机的工作原理基本上与扬声器的音圈相同，都是让线圈与永磁体的磁场相互作用。

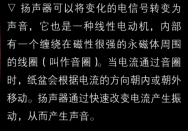

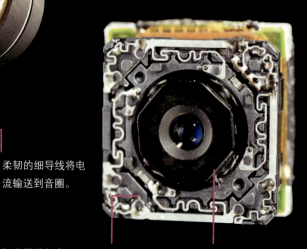

柔韧的细导线将电流输送到音圈。

扬声器外部有一个柔性橡胶环，可以使纸盆自由移动。如果仔细观察，你会发现这个橡胶环已经被切开了，这样我就可以把纸盆取出来。

整个部件可以上下左右移动镜头，使所拍摄的图像始终位于图像传感器的中间。

镜头可以独立地前后移动，以便对焦。

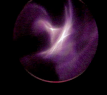

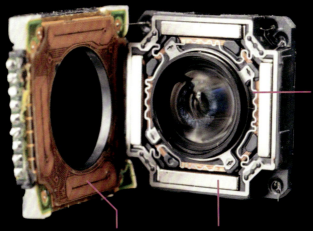

这些波浪形的导线也是弹簧，它们在为对焦线圈提供电流的同时支撑着镜头。

▽ 在我们刚刚介绍的机械结构下面有一个 1200 万像素的电荷耦合器件，其中包括 3600 万个独立的光学传感器（红、绿、蓝各 1200 万个）。

△ 通过将一侧的弹簧丝剪断，我们可以将这个装置打开。

这些线圈缠绕在底座上，对永磁体施加推力或拉力，从而使稳定机构上下或左右移动。

4 个强力永磁体、底座中的稳定线圈与我们尚未见到的对焦线圈一同工作。

这是很细的弹簧丝。

▽ 在移除镜头模块后，我们可以看到对焦线圈。它和稳定线圈一样对永磁体施加推力或拉力，但方向与稳定线圈相反。

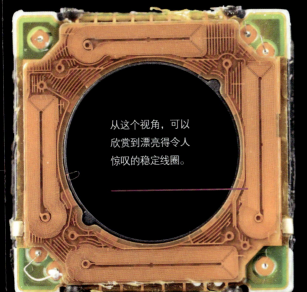

从这个视角，可以欣赏到漂亮得令人惊叹的稳定线圈。

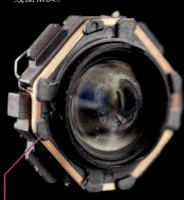

这是对焦线圈。

▷ 磁悬浮列车不是很常见，右图中展示的是中国上海的磁悬浮列车。磁悬浮列车由线性感应电动机驱动，这种电动机就铺设在长长的轨道上，其工作原理与标准的感应电动机基本相同。

▽ 线性电动机更极端的版本就是电磁炮。它仅仅利用磁力就能将金属炮弹加速到 3 千米 / 秒以上。电磁炮的炮弹通常不含任何爆炸物，仅凭动能就能将目标"炸"成碎片。

这是一个小型陶瓷加热器，它在通电时将蜡加热至熔化。

▷ 如果说电磁炮是速度最快的线性电动机，那么这一个则是最慢的。它通常被称为"蜡马达"，虽然它更像一个制动器而非传统的加速电动机。在壳体内，有一个装满了蜡的小圆筒。（室温下的蜡呈固态。）当电流通过两个触点时，蜡受热并熔化，膨胀的蜡液足以将黑杆推动一段距离。相变可以产生很大的力量。例如，水结冰时可以轻松地胀裂岩石和混凝土。当电流断开时，蜡液在几秒内迅速冷却，内部的强力弹簧会将蜡重新压回缸体并慢慢收回黑杆。由于这是对电源断电的响应，所以"蜡马达"常用在安全连锁装置中。

塑料壳内有一个坚固的小圆筒，其内装有少量的蜡。

▷ 当电流断开时，蜡液会冷却，强力弹簧将黑杆推回到关闭位置。拆开这种设备时，要小心弹簧。

△ 这是用在温室内的活塞，气温升高时可以自动打开窗户。上方的活动杆可以伸长约 10 厘米，而且它的推力很大，足以打开沉重的窗户。当气温下降时，窗户的重量又会将活塞压回去。整个装置没有电气设备、控制系统和电源，它利用周围空气的热能开关窗户。

转换运动

我们刚刚了解了直接做直线运动的线性发动机，但通常最实用的方案还是使用普通的旋转式发动机，通过某种机制将圆周运动转换为直线运动。

我们在前面介绍了一种压实机，虽然它的设计合理，却是一种罕见的珍品。建筑工地上常用的压实机配备的是汽油机，汽油机驱动齿轮组，与齿轮组连接的连杆驱动击打机构上下运动，击打地面。

仔细想想，这听起来可能有些疯狂：汽油机里有一个来回运动的活塞，活塞驱动曲轴上的曲柄，曲柄驱动齿轮组，齿轮组驱动另一个曲柄，使压实机底部的"活塞"能够不停地击打地面。为什么不去掉中间机构，让汽油机里的活塞直接击打地面呢？

答案是汽油机的转速与工人的工作节奏不匹配，而在常规压实机中添加齿轮组可以解决这个问题。

还有部分原因是大规模制造的效率。制造可靠的内燃机绝非易事。活塞和缸体之间所需的精确配合只有通过高度专业化的精密机械加工才能实现，而这样做的成本只有在产量达数百万台时才合理。全球制造汽油机的公司屈指可数，工具制造商需要从这些公司购买汽油机。虽然和线性发动机相比，汽油机更复杂，而且成本更高，但它是现成的，可以直接购买。全球的压实机市场并不足以支持线性发动机的大批量生产。

此外，还有维护问题。由于旋转式发动机是许多动力工具的标准配置，所以我们更容易买到零部件，更不用说找到懂得如何修复它们的人了。

无论原因如何，事实就是绝大多数复杂的运动是由旋转式发动机加上某种机械联动装置产生的。

△ 我将这种机器称为"砰砰机"，因为它在击打地面时会发出砰砰声。这种机器内部有一台普通的四冲程发动机，以及一个将圆周运动转换为击打动作的装置。

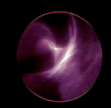

▷ 我已经去掉了盖子，这样你就可
以看到压实机的击打机构了。

机械臂

我们刚刚看到了一种简单的机械联动装置，它代表将圆周运动转换为直线运动的一类方法。正如我在前文中所说的，有成千上万种这样的机构，可以提供任何你能想象到的非圆周运动形式。下面介绍一些非常有趣的例子。

迄今为止，我最喜欢的机械联动装置是玩具机械臂。下图展示的是 20 世纪 80 年代的一个复杂到令人头晕的古董玩具，它有多个自由度。

1. 肩关节旋转和上下移动。

2. 上臂作为一个整体旋转。

3. 肘关节旋转。

4. 腕部在两个平面内旋转。

5. 机械手张合。

▷ 这个在今天看似普通的装置在当时却是最复杂的机械玩具之一。从外表看，它并没有什么特别之处，但第一次拆开它时，我发现它里面的齿轮种类比我想象的还要多。在过了很长一段时间之后，我才意识到它的变速换挡设计有多么巧妙，简直令人拍案叫绝。这种巧妙的设计是否必要是另一个问题。可能真的有一种更简单、更直接的设计也能起到相同的作用。但面对这一显而易见的神来之笔，我倾向于认为如果真的有更好的方法，设计者应该早就找到了。

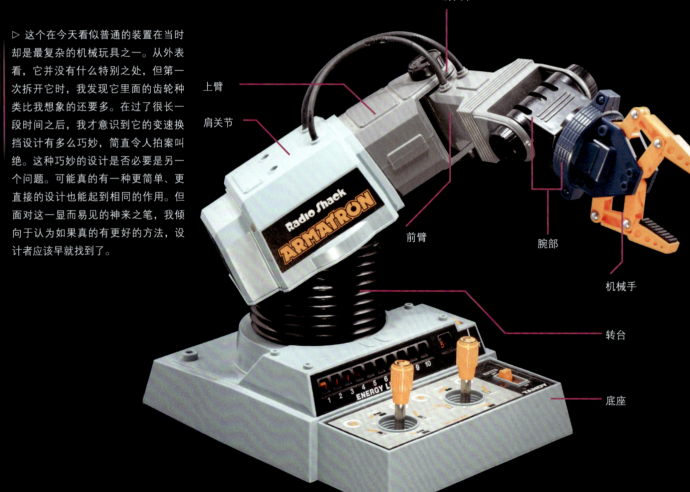

肘关节

上臂

肩关节

前臂

腕部

机械手

转台

底座

令人惊叹的是，机械臂只有一台小型电动机，它位于底座中。其他一切都由机械联动装置驱动，底座的控制板上有两个手柄，每个手柄都可以作上下、左右移动以及按顺时针或逆时针方向旋转。一台简单的电动机与一个复杂的传动装置（齿轮箱）连接，电动机将动力传递给几条不同的齿轮传动链中的一条。这个玩具的现代版本在每个关节处都使用了一台单独的电动机，这使得机械臂更加灵活。随着机械零件与电子元器件在设计和制造成本上的变化，这种玩具的生产也更加经济。然而，和一些工程壮举相比，它给人的印象远远没有那么深刻。

在底座中，我们可以看到多个外齿轮，它们与内齿轮啮合。

这是机械臂最先移动的部件。

▷ 几个力轴的运动都通过独立的齿轮传动链进行传递。

这里有一组内齿轮，它们相互嵌套在一起。

▷ 拆掉外壳，我们可以看到这个装置复杂的内部结构。底座内有多个齿轮组，每个齿轮组都由几个齿轮构成。当操纵手柄前后、左右移动，或沿顺时针或逆时针方向旋转时，其中一个齿轮组开始转动，从而驱动相应部件运动。

▷ 这个机械臂用伺服电动机取代了简单的玩具电动机，而伺服电动机的成本没有增加多少。它的确需要配备一个复杂的电子控制系统，但该系统也只是一块微芯片，成本很低。使用伺服电动机意味着这个机械臂可以由计算机控制，通过编程执行复杂的动作。

这几组齿轮中的任意一组都可以单独转动。

这些齿轮与立柱底部的齿轮啮合。

这台电动机是唯一的动力装置。

△ 底座内的每个环形齿轮的内外侧都有齿。如果这样的齿轮都由金属经精加工制成，它们将非常昂贵，而注塑塑料部件的成本只有前者的几分之一。

▷ 现代版本的玩具机械臂的每个关节都使用了一台单独的电动机，这使得机械臂的物理设计更简单。如今的电动机价格低，机身轻巧，功能强大，这要归功于用稀土元素制造的强力磁体，人们再也没有必要制造像这个玩具机械臂这样复杂的装置了。

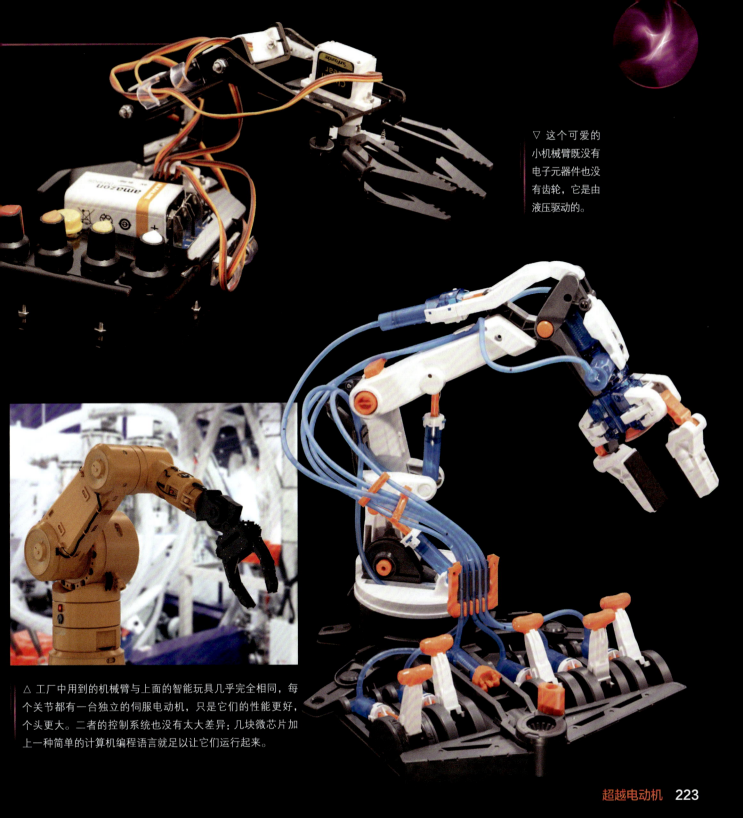

▽ 这个可爱的小机械臂既没有电子元器件也没有齿轮，它是由液压驱动的。

△ 工厂中用到的机械臂与上面的智能玩具几乎完全相同，每个关节都有一台独立的伺服电动机，只是它们的性能更好，个头更大。二者的控制系统也没有太大差异：几块微芯片加上一种简单的计算机编程语言就足以让它们运行起来。

▷ 真正的大型机械臂都是由液压驱动的，即使在今天，它们使用的动力分配装置还是更像玩具机械臂。在这台挖掘机中，一台强大的高压油泵直接由汽油机（或柴油机）驱动。液压油液由集流器分配给每个转轴的阀门。这些阀门的作用与玩具机械臂中的齿轮组相同，它们决定了液压油液在何时从哪里以多大的力量往哪个方向输送。与用齿轮向关节传递动力不同，油管将液压油液送到液压缸中，液压缸直接对关节施加作用力，使关节朝某个方向弯曲。事实证明，当需要非常大的力量时，液压系统是无可比拟的。

这些阀门的功能与玩具机械臂的齿轮组类似。

高压油泵里的液压油液从这里注入。

当下面的手柄被向上推时，液压油液从这个端口流出。

当手柄被向下推时，液压油液从这个端口流出。

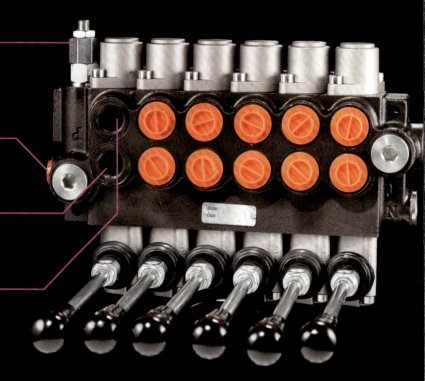

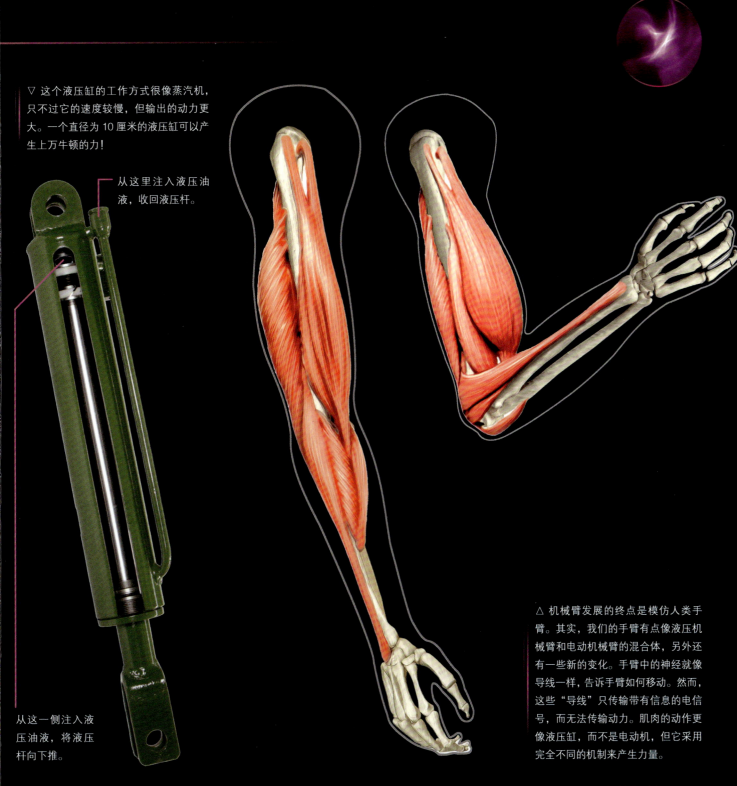

▽ 这个液压缸的工作方式很像蒸汽机，只不过它的速度较慢，但输出的动力更大。一个直径为 10 厘米的液压缸可以产生上万牛顿的力！

从这里注入液压油液，收回液压杆。

从这一侧注入液压油液，将液压杆向下推。

△ 机械臂发展的终点是模仿人类手臂。其实，我们的手臂有点像液压机械臂和电动机械臂的混合体，另外还有一些新的变化。手臂中的神经就像导线一样，告诉手臂如何移动。然而，这些"导线"只传输带有信息的电信号，而无法传输动力。肌肉的动作更像液压缸，而不是电动机，但它采用完全不同的机制来产生力量。

机械绘图

说到将圆周运动转换为复杂的曲线运动，终极的示例或许可以在自动签名机上找到。自动签名机用真正的笔来自动签名，显然它没有使用任何形式的电子设备。自从托马斯·杰斐逊时代以来，很多国家的领导人一直使用这样的设备来完成他们在任期内需要进行的成千上万次签名。

这种设备有两个形状不规则的凸轮，对签名时笔所需要做的上下和左右运动进行编码。随着凸轮缓慢旋转，两个凸轮跟随器沿着凸轮不规则的外缘运动。这些运动通过一系列杠杆传递给笔。凸轮形状与笔的运动之间的关系有点复杂，而且两个方向的运动互相影响，所以要明确所需的凸轮形状可能也有些复杂。但实际上，凸轮的制作十分简单，只要反过来想就行了。用户使用连接到杠杆臂上的笔正常签名（杠杆臂附带凸轮跟随器），整套动作被一支笔和一个缓慢旋转的空盘所复刻，笔将真实签名绘制在空盘上，然后相关人员根据笔所描绘的轨迹对空盘进行裁切。无论这种机器的机械连接多么复杂，当凸轮跟随器回到原位时，笔描绘的形状必然能生成相同的签名。

现代智能化的绘图仪在计算机的帮助下可以轻松完成相同的工作，但是从未有过将领导人的签名编码成电子形式的事情发生，这是有道理的。无论黑客多么聪明，对于存储在形状奇怪、受到严密保护的盘片中的信息，他们还是束手无策的。

▷ 这台设备没有任何领导人使用过，因为它是我制作的一个模型，用于说明其工作原理。

▷ 这台设备曾被肯尼迪总统使用过。

凸轮跟随器被弹簧（在这个模型中是橡皮筋）压在盘片外侧，从而确保凸轮跟随器能沿着盘片外缘运动。蓝色的凸轮跟随器追踪蓝色盘片，黄色的凸轮跟随器追踪黄色盘片。

两个形状不规则的凸轮（黄色和蓝色）控制着笔的运动。

真实的自动签名机应该有一台电动机或上紧机构，从而以稳定的速度转动盘片。这个模型则通过手摇曲柄实现这一目的。

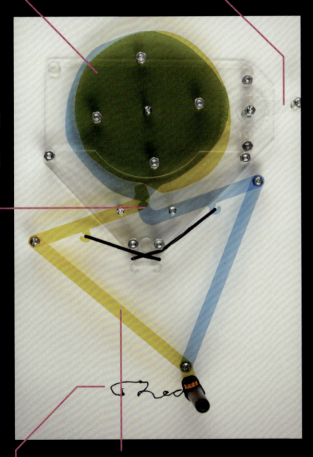

这些盘片被"编程"来签我的名字。虽然笔迹不太整齐，但它们尽力了。

两个交叉连接的杠杆臂将凸轮跟随器的运动转化为笔的运动。（此模型未显示，但第三个盘片可以将笔提起和放下，以书写单独的字母。）

△ 这个纯机械式的自动装置大约在 1800 年制造于伦敦，它有许多精美的凸轮，可以书写和绘画。为了让剩下的事情看起来复杂，凸轮中的信息通过复杂的连接机构传递到一个木偶的手上，看起来仿佛是木偶在作画。这一类机器在当时被认为是奇迹，图中的这个装置则被认为是有史以来最复杂的。

▷ 在家中拥有一台自动签名机可能相当不同寻常，但是缝纫机很常见。缝纫时需要同时控制两个方向的运动：针头的左右移动和布料的前后移动。如果你要进行简单的锯齿状缝合，只需在针头左右来回移动的同时让布料匀速向前移动。但如果你想要进行一种形状更复杂的缝合，就需要在针头左右移动的同时，视情况移动布料。

现代缝纫机的前面通常有一个旋钮，你可以用它选择一种缝合方式。

△ 1953 年生产的这台缝纫机有一个安装点位，你可以在该点位插入一个双凸轮来选择你想要的缝合方式。这比转动旋钮要麻烦一些，但这意味着这台机器有任意多种不同的缝合方式。你还可以自己制作凸轮，发明全新的缝合方式。

将控制缝线长度（或方向）的杆完全向下拨至位置 A，第二个凸轮跟随器从右侧弹入，沿着凸轮的上半部分滑动。

当你将此杆移动到 0 刻度右侧的任意位置时，位于杆上方的凸轮跟随器会向右弹出，紧贴在凸轮底部。（此图中没有凸轮，所以凸轮跟随器会全部移入安装架并与之接触。）

△ 安装好凸轮后，两个凸轮跟随器都可以根据凸轮的形状进行工作。每完成 18 次缝合，凸轮旋转一圈，因此你可以自行设计一些非常复杂的缝合方式。

▷ 有很多不同的凸轮可供选择，每个凸轮上都绘有相应的缝合图案。

其中一些凸轮相当复杂，可以在向前或向后移动的同时左右移动交替缝合。

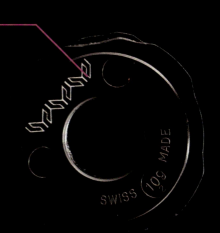

△ 这是一个现代版本的自动画图玩具，它由一台电动机驱动，由芯片控制。

◁ 本书是在新冠病毒大流行期间编写的。当时，我和马里韦尔在制作口罩。现代的家用缝纫机是用一堆垃圾塑料制成的，而现代工业机器在居家隔离期间不方便使用。到目前为止，最好的家用缝纫机是 20 世纪 50 年代到 80 年代生产的。我最初使用的是 20 世纪 80 年代生产的一台辛格 (Singer) 牌缝纫机，它曾属于我的妈妈。当我的女儿也开始制作口罩时，我把这台缝纫机送给了她，转而使用一台 1953 年生产的极为漂亮的缝纫机。我在一场在线拍卖会上用 25 美元买到它，但对它并不了解。令我高兴的是，它是我见过的运转最流畅的缝纫机，而且非常安静。你可以听到线在面料和张力调节器上滑过的声音，这种声音我在以前使用的缝纫机上从未听到过。

是一枝独秀还是
百花齐放

如果你对制造过程的研究不是很深入，那么就可能没有意识到我在前面介绍的老款机械臂与由计算机控制的新型机械臂之间有一个微妙而又重要的区别。只有那些能投入大量资金并保证销量的公司才能生产出像老式机械臂这样的产品。由于制造零件需要大量复杂且昂贵的注塑模具，因此生产第一个机械臂所需的模具成本可能高达数十万美元。除非哪家公司相当确信它生产的产品能够大卖特卖，否则没有人愿意这样做。

计算机控制的机械臂完全适合小批量生产。定制零件可以通过激光切割进行加工，无需任何模具和其他前期成本。定制电路板可以在高度自动化的工厂按订单生产，最低订购量仅为几十个。你也可以用一两美元买到现成的微控制器。其他零部件（如螺栓、伺服电动机、连接器等）都是现成的，由零部件供应商大量生产。供应商向数千家下游工厂销售零部件，这些工厂用这些零部件制造出成千上万种不同的产品。

△ 上图和对页图展示了两种不同的机械臂。

前期成本低的重要影响是现在的任一款机械臂可以有数十种类似的产品与其竞争。这几乎定义了今天的世界：少数种类的产品被许多人消费的局面已经转变为了丰富的产品被不同的人群消费。

从玩具到电视频道，这种现象屡见不鲜。20 世纪 80 年代，美国普通观众只能观看 4 个电视频道，而新建一个电视网络的成本高达数十亿美元。假如你穿越到过去告诉当时的电视网络公司的高管，说将来会有多到数不清的频道，而且任何想创建新频道的人都可以在几分钟内免费做到，你能想象这会是怎样的情形吗？

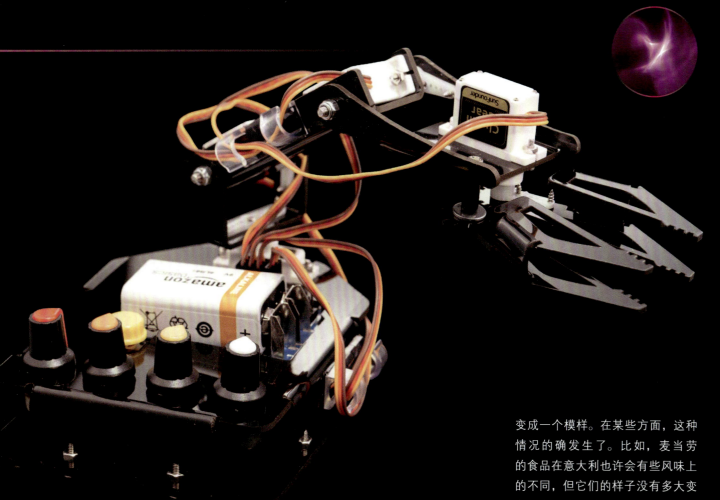

　变成一个模样。在某些方面，这种情况的确发生了。比如，麦当劳的食品在意大利也许会有些风味上的不同，但它们的样子没有多大变化。在另外一些方面，我们看到了多样性的爆发。一个个虚拟社区将一部分具有共同兴趣的人聚集在一起。产品的设计和营销在几天或几个星期内就能在线上完成，比以前动辄需要几个月甚至几年快了很多。你生活的城镇也许因为大型超市的出现而导致小型零售店消失，但你能够从网上买到各种各样的东西。

　　过去发明一款新玩具不是很容易，但今天借助激光切割机和3D打印机，通过互联网获得配件，发明新玩具比以前容易多了。各个领域都迸发出了前所未有的创造力，推出了多样化的产品和服务。

　　以前，人们总是担心全球化会导致世界趋同，担心各地的人们会

致　谢

本书的撰写、编辑、排版和印刷几乎都是在新冠病毒大流行期间进行的。老实说，在此期间，我并没有遇到特别的困难，至少不像大多数人遭遇的那样。作家是一种孤独的职业，加上我本来也不太喜欢人群，所以无法参加聚会或者外出做一些人们常做的事情，对我而言也没什么大的影响。但是，在这个特殊时期，我们每个人多少都会受到一些影响。

这本书的发行推迟了一年，很大原因是我将大部分注意力转向了制作口罩。马里韦尔设计了一种更好的口罩样式，我采购了生产工具和原材料。我们共同创办了一个企业，售出了成千上万只内衬是两层纯丝绸的口罩。我自然也要感谢我的出版人贝姬，她不仅能够容忍我如此拖延，而且多年来一直是一位出色的合作伙伴。

关于这本书的写作，首先我必须感谢尼克·曼，他拍摄了本书中的绝大部分照片。（你可以通过对比认出我拍摄的照片，它们没有那么好看。）他一直是我的坚定支持者，我很难想象没有他，我该怎么办。我还需要感谢弗朗基，他的身高与我的朋友唐纳德的大活塞的长度正好一样。我还要感谢格雷琴的大力支持。

本书涉及的大件物品比很多图书多得多，其中包括汽车发动机、整辆汽车、大型动力工具、重得我搬不动的电动机等。我要感谢鲍比和他的孩子特里斯坦、昆顿、布里安娜，他们既是我的好朋友也是我的农场的看护人。没有他们的帮助，我肯定会被很重的物件砸到脚。

我非常感谢艾伦·斯特朗和南希·斯特朗夫妇允许尼克和我在他们的古董汽车陈列室进行拍摄。我家附近有这样一座博物馆，真的太好了。

我也非常感激伊利诺伊州阿瑟地区四亩木制品商店的雷蒙德和其他朋友，他们允许我在他们的工厂里拍照；感谢斯蒂芬森县的古董发动机俱乐部允许我拍摄他们收藏的精美的老式库珀科·利斯发动机；感谢尼娜，她帮助我找到了许多我需要的物品，其中包括封面上展示的金属发动机模型。

在过去出版的图书中，我总是感谢我的孩子阿迪、艾玛和康纳，他们常常帮助我。现在他们已经长大，搬出去住了，我为他们成为自立的成年人而高兴。